高职高专教育国家级精品规划教材
普通高等教育“十一五”国家级规划教材配套教材
全国水利职业教育优秀教材配套教材

水利工程制图习题集

（第3版）

主　编　樊培利　武　荣　斯庆高娃
副主编　刘　飞　淡　仓　曹　毅
　　　　安书全　栾仁伟　董向前
主　审　关莉莉

黄河水利出版社
·郑州·

图书在版编目(CIP)数据

水利工程制图习题集/樊培利,武荣,斯庆高娃主编. —3版. —郑州:黄河水利出版社,2024.4
高职高专教育国家级精品规划教材
ISBN 978-7-5509-3863-2

Ⅰ.①水… Ⅱ.①樊… ②武… ③斯… Ⅲ.①水利工程-工程制图-高等职业教育-习题集 Ⅳ.①TV222.1-44

中国国家版本馆CIP数据核字(2024)第078605号

组稿编辑:王路平 电话:0371-66022212 E-mail:hhslwlp@163.com
陈俊克 66026749 hhslcjk@126.com

责任编辑:韩莹莹 责任校对:郭 琼 封面设计:张心怡 责任监制:常红昕

出 版 社:黄河水利出版社 网址:www.yrcp.com
地址:河南省郑州市顺河路黄委会综合楼14层 邮政编码:450003

发行单位:黄河水利出版社
发行部电话:0371-66020550、66028024 E-mail:hhslcbs@126.com

承印单位:河南承创印务有限公司

开本:787 mm×1 092 mm 1/16

印张:6.5

字数:150千字 印数:1—4 100

版次:2007年8月第1版 印次:2024年4月第1次印刷
2015年12月第2版
2024年4月第3版

定价:25.00元

第 3 版前言

本书是根据《中共中央关于认真学习宣传贯彻党的二十大精神的决定》，中共中央办公厅、国务院办公厅《关于推动现代职业教育高质量发展的意见》，国务院《国家职业教育改革实施方案》，教育部《职业院校教材管理办法》《高等学校课程思政建设指导纲要》，水利部、教育部《关于进一步推进水利职业教育改革发展的意见》等文件精神，在全国水利职业教育教学指导委员会指导下，组织编写的高职高专教育国家级精品规划教材。本书与樊培利等主编的《水利工程制图（第 3 版）》配套使用。本书以学生能力培养为主线，体现出实用性、实践性、创新性的教材特色，是理论联系实际、教学面向生产的精品规划教材。

本次再版，根据本课程的培养目标和当前水利工程制图的新标准，力求使图样规范化、标准化，在内容上注重扩大知识面；力求综合运用基本理论和知识，以解决工程实际问题；力求理论联系实际，以应用为主，内容上尽量符合实际需要。

本书编写单位及编写人员如下：山西水利职业技术学院樊培利、董向前，杨凌职业技术学院武荣，内蒙古机电职业技术学院斯庆高娃，湖北水利水电职业技术学院刘飞，云南水利水电职业学院淡仓，山东水利职业学院曹毅，温州科技职业学院安书全，山东水利技师学院栾仁伟。本书由樊培利、武荣、斯庆高娃担任主编，樊培利负责全书统稿；由刘飞、淡仓、曹毅、安书全、栾仁伟、董向前担任副主编；由黄河水利职业技术学院关莉莉担任主审。

由于本次编写时间仓促，书中难免存在疏漏和不当之处，恳请广大读者批评指正。

编　者

2024 年 2 月

目　录

第一章　制图的基本知识

1－1　制图基本知识填空(一)	班级		姓名		学号		页次	1

1．图纸幅面是指图纸的________________，其基本幅面及图框尺寸有_______种。

2．A3图纸的幅面为_______________，面积为A0图幅的__________。

3．图框线为_________线，它是图纸上绘图范围的___________。

4．A2图幅的 c 值为_________mm，e 值为___________mm。

5．图样中的标题栏位于图纸的___________，其外框为___________线，分格为___________线。

6．细实线和点画线的宽度为粗实线的__________。

7．图样的比例是图形与实物相应要素的______________之比，比例的大小是指________的大小。

8．字体的号数是指字体的_________，长仿宋体字的宽高比为___________。

9．数字和字母有直体和斜体两种，斜体字的字头向右倾斜，与水平线约成_______角。

10．图上所注尺寸是指物体的_____________，与绘图的比例___________。

1-2 制图基本知识填空(二)	班级		姓名		学号		页次	2

1. 一个完整的尺寸应包括________、________、________和________。

2. 尺寸起止符用箭头表示时，其箭头尾部宽度为________，长度约为________。

3. 尺寸起止符用细短画线表示时，其倾斜方向为尺寸界线________旋转________，高度为________mm。

4. 注写尺寸数字时，尺寸线为水平或倾斜方向时，尺寸数字一般注写在尺寸线上方的________，字头______；尺寸线垂直时，尺寸数字一般注写在尺寸线左方的______，字头______。

5. 图样中标注的尺寸一般是以______为单位，图中不必说明。

6. 对于完整的圆或大于半圆的圆弧应标注________，半圆或小于半圆的圆弧应标注________。

7. 注写角度数字时，角度数字宜________标注在尺寸线的________或________。没有足够位置绘制箭头的，可用________代替。

8. 确定平面图形各部分形状大小的尺寸叫________，确定平面图形中各部分之间相对位置的尺寸叫________。

9. 绘制一个由圆弧连接的平面图形时，其画图顺序应是________线段、________线段、________线段。

1-3 常用字体练习	班级		姓名		学号		页次	3

水利工程制图平立纵剖视断面枢纽总布置闸坝库

学校班级比例审核建筑农田材料单位毫厘米坡度结构电站涵洞渡槽游

1234567890ABCDEFGHIJKLMNOPQRSTUVWXYZ∅αβγδεηθ

abcdefghijklmnopqrstuvwxyz Ⅰ Ⅱ Ⅲ Ⅳ Ⅴ Ⅵ Ⅶ Ⅷ Ⅸ 123456789

1-4 作业一 基本练习	班级		姓名		学号		页次	4

一、作业名称

基本练习。

二、作业内容

在A4图纸上，用1∶1的比例，按所给尺寸抄画全部图形，不注尺寸。

三、作业目的

1. 熟悉基本的绘图操作步骤。

2. 熟悉制图工具仪器的使用方法。

3. 初步掌握基本制图标准。

四、作业要求

1. 图面质量：布图匀称，图形正确，线型标准分明，字体工整规格，图面整洁，符合标准。

2. 图线：粗实线线宽0.6 mm，其他参照标准规定比例。

3. 字体：汉字均为长仿宋体。标题栏中图名10号，单位名称7号，其他5号。

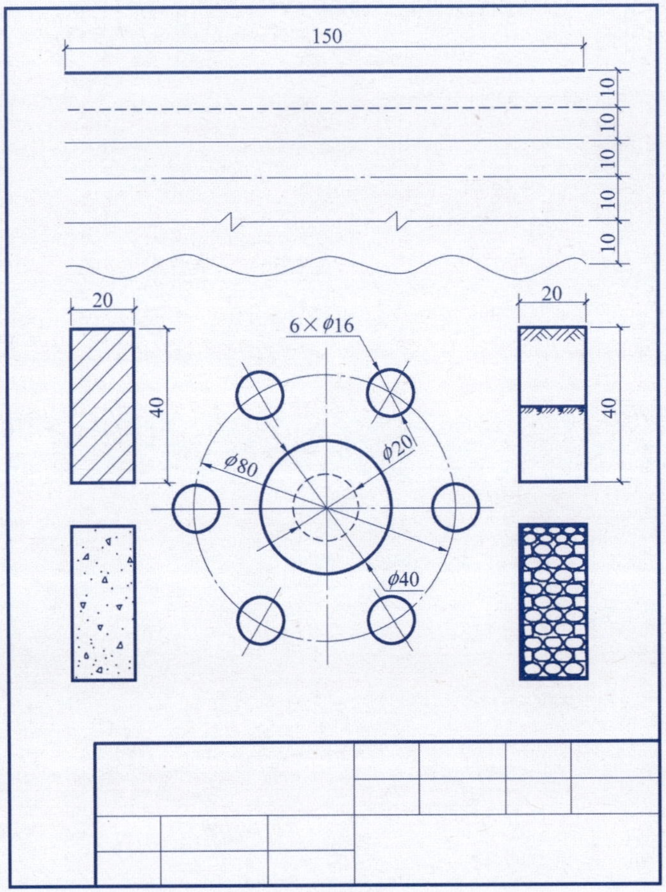

1-5 尺寸注法(一)	班级		姓名		学号		页次	5

1. 画尺寸箭头，填写尺寸数字(单位：mm)。

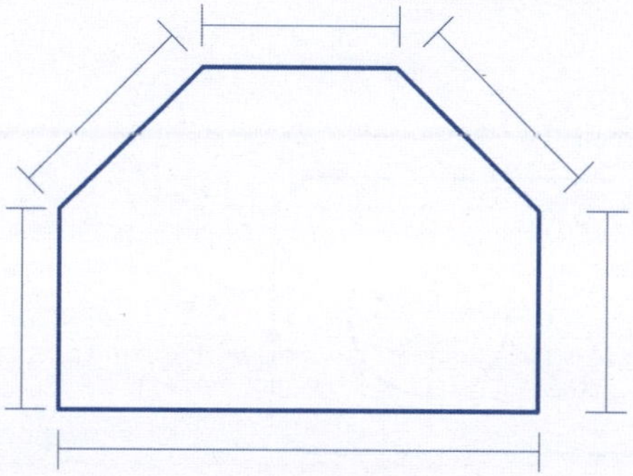

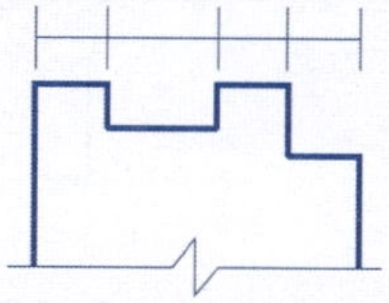

2. 标注圆、圆弧、角度尺寸。

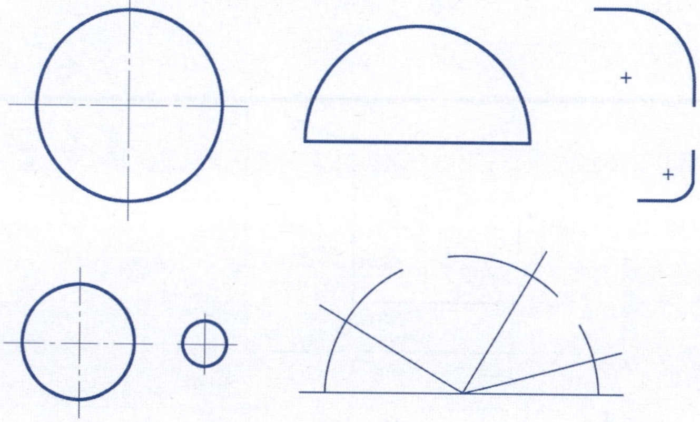

3. 检查左图中尺寸标注的错误，在右图中进行正确的标注。

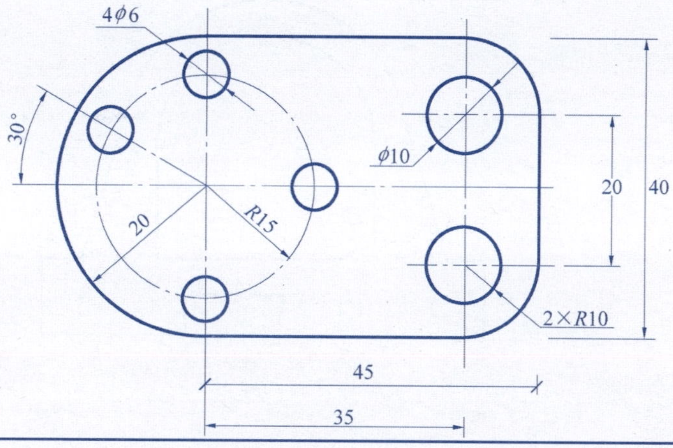

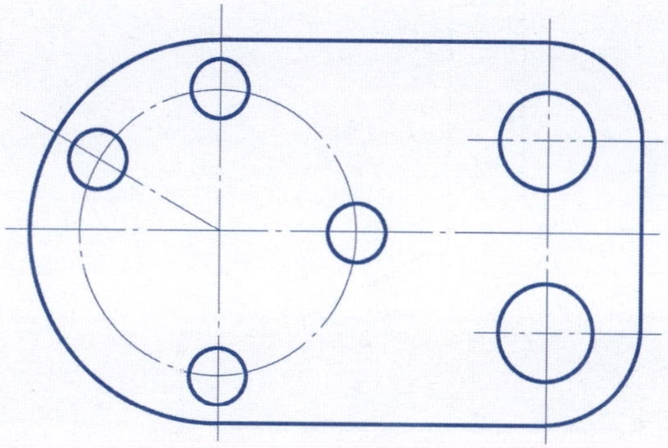

1-6 尺寸注法(二)	班级		姓名		学号		页次	6

对下面图形按所要求的比例标注尺寸。

1:2

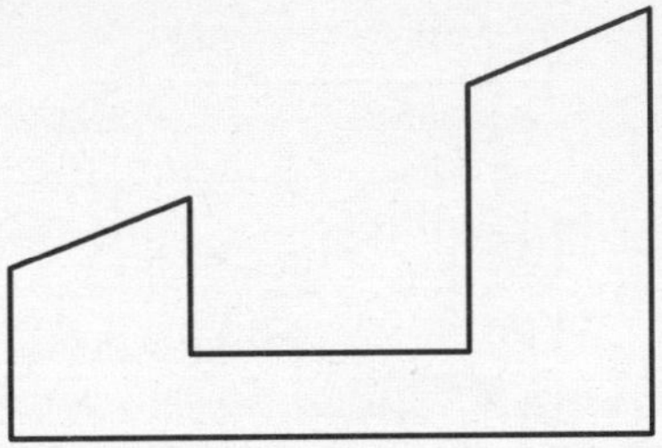

1:1

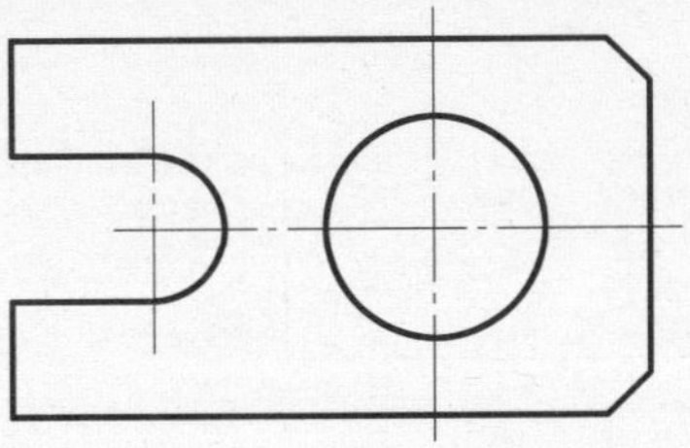

1:10

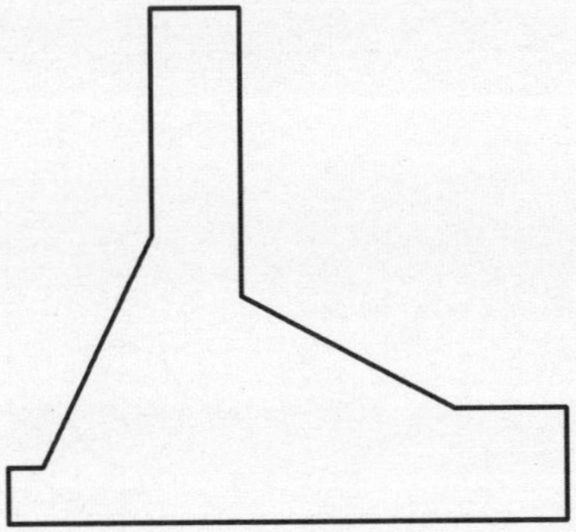

1:50

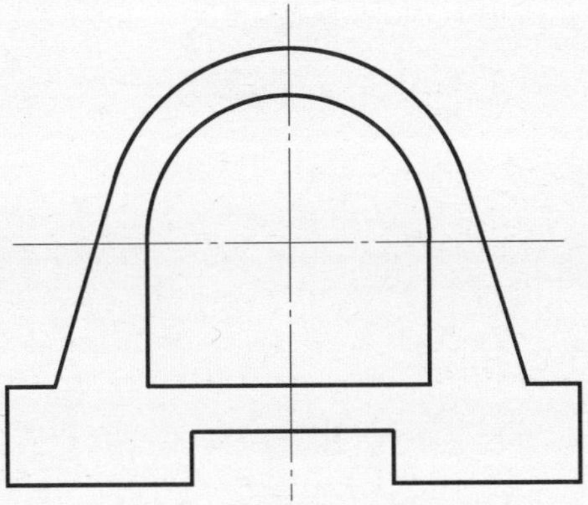

1-7　基本作图练习	班级		姓名		学号		页次	7

1．标出 *AB* 圆弧的圆心与半径。

2．将线段 *AB* 七等分。

3．作直径 50 mm 的圆内正六边形。

4．作直径 50 mm 的圆内正五角形。

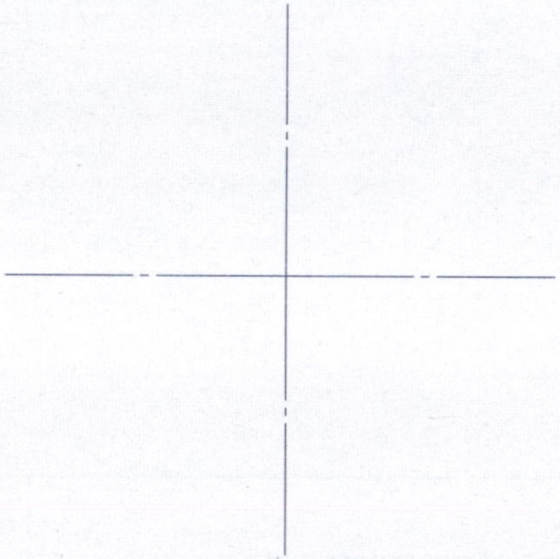

5．已知椭圆的长轴为 70 mm，短轴为 40 mm，用四圆心法画近似椭圆。

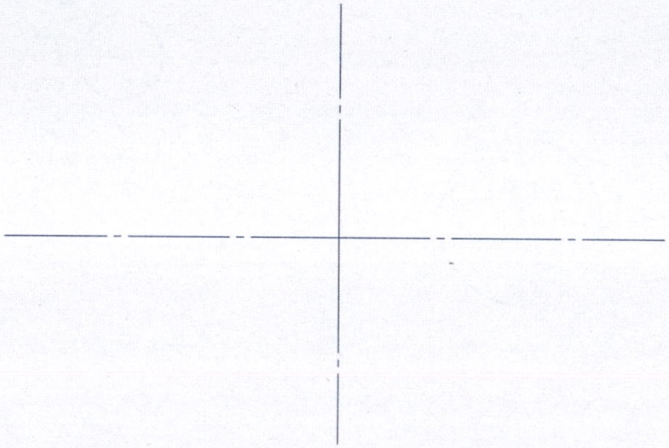

1-8　圆弧连接	班级		姓名		学号		页次	8

参照所给图形，完成下面的平面图形，比例 1∶1。

(1)

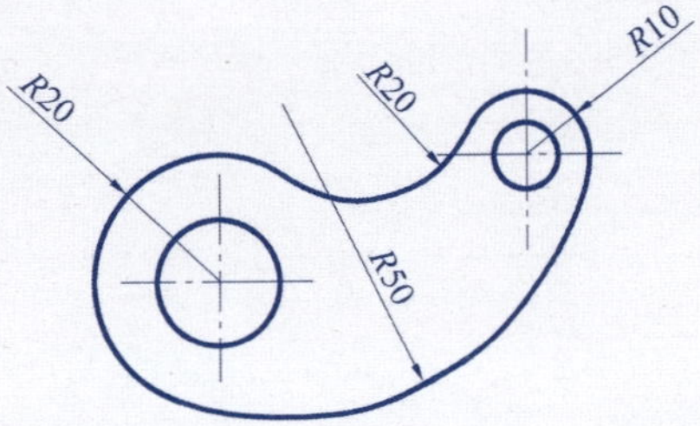

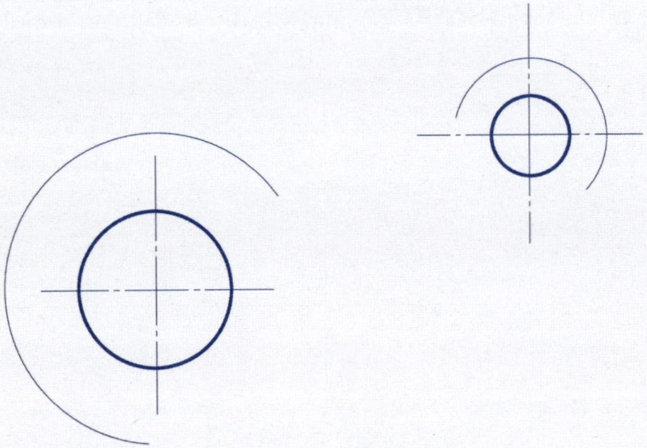

(2)

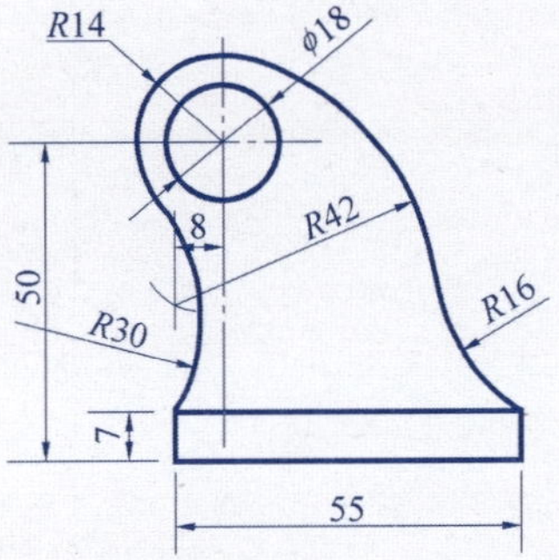

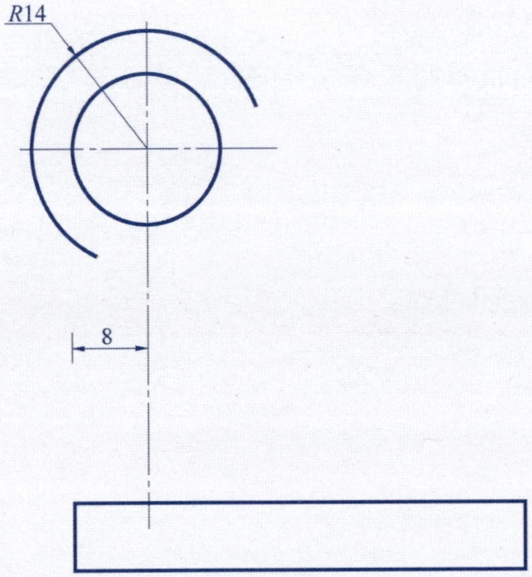

1-9 基本训练大作业(一)	班级		姓名		学号		页次	9

在 A3 图纸上绘制图示平面图形，并标注尺寸。

涵洞 1:50

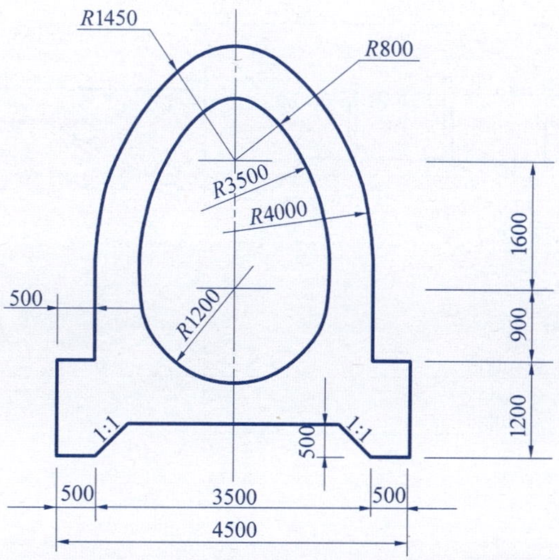

吊钩1:2

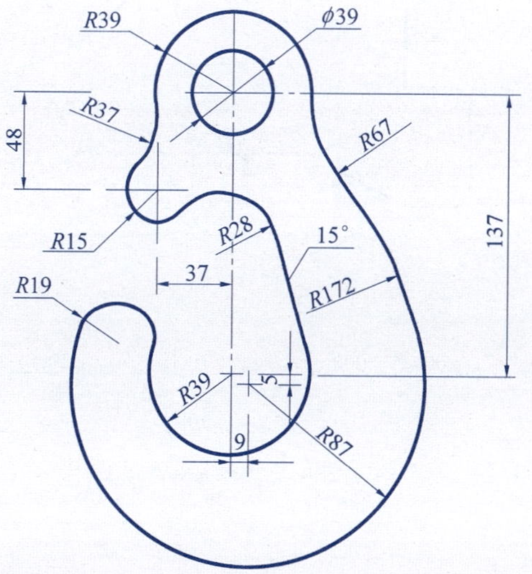

1-10　基本训练大作业(二)	班级		姓名		学号		页次	10

在 A3 图纸上抄绘滚水坝断面图，并标注尺寸，比例 1：200。

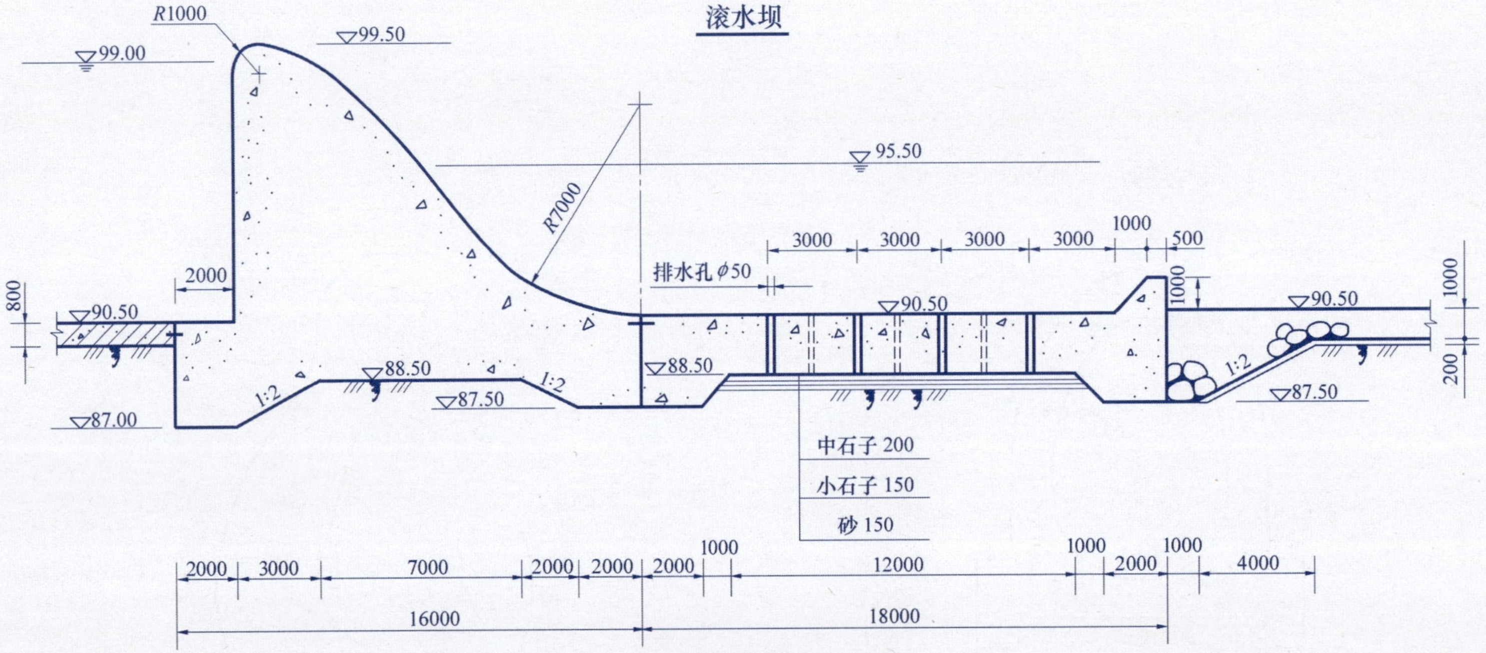

坝面曲线坐标(m)

	x	1	2.75	3.5	4.75	5.75	6.5	7.2	8.0	9.1
o→x, ↓y	y	0	0.5	1.0	2.0	3.0	4.0	5.0	6.0	7.0

第二章　投影的基本知识

2-1　投影基本知识填空	班级		姓名		学号		页次	11

1．产生投影的必要条件是__________、__________、__________。

2．根据投射线与投影面的倾角不同，平行投影分为__________、__________。

3．正投影的投射线_______投影面，其基本特性有__________、__________、__________。

4．当直线_________投影面时，投影积聚为一点，这种投影特性称为__________。

5．当平面__________投影面时，投影反映实形，这种投影特性称为__________。

6．物体三视图的投影规律是：主、俯视图__________，主、左视图__________，俯、左视图________________。

7．反映物体的上下和左右位置的视图是___________。

8．俯视图反映了物体的______和______方位；左视图反映了物体的_______和_______方位。

9．俯视图和左视图远离主视图的一边是______，靠近主视图的一边是________。

2-2　根据立体图补全视图中的漏线	班级		姓名		学号		页次	12

1.

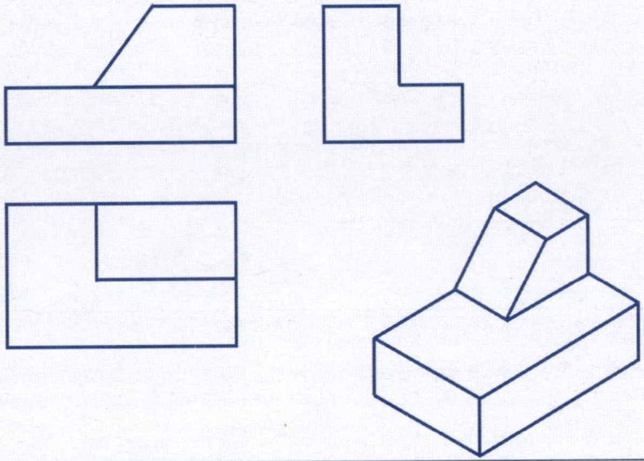

2.

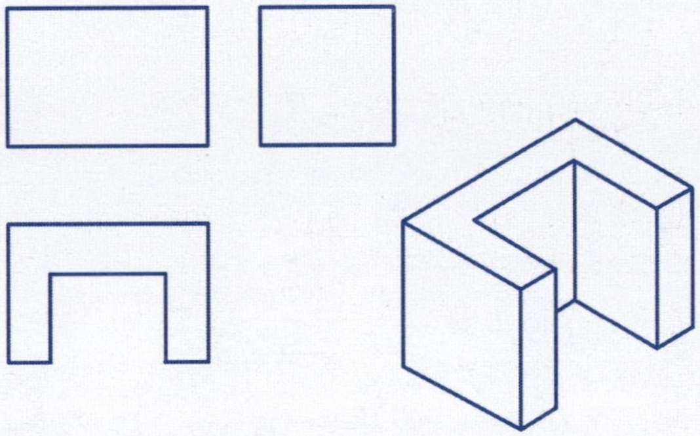

3.

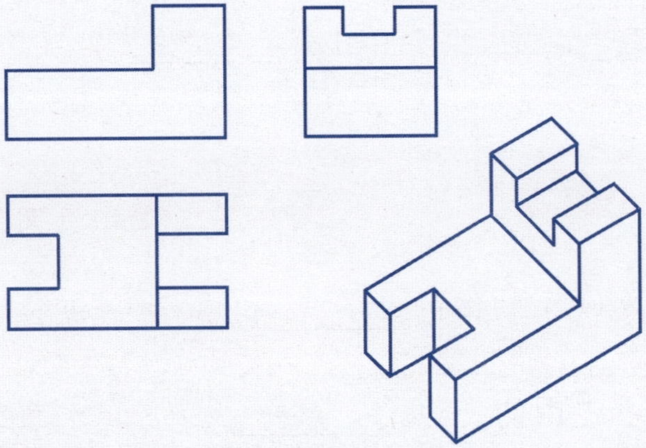

4.

2-3 根据立体图画三视图(一)	班级		姓名		学号		页次	13

1.

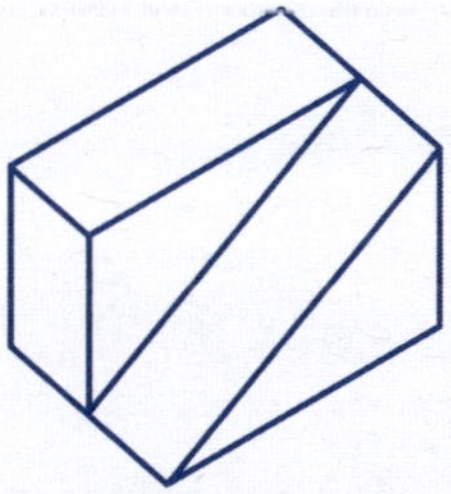

2.

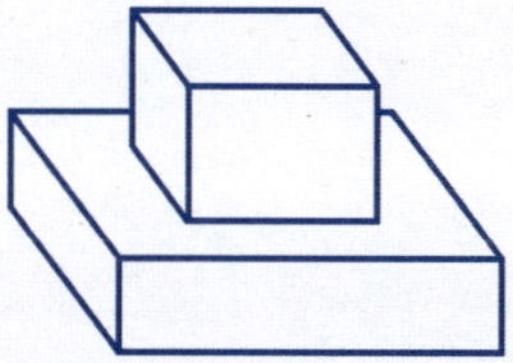

3.

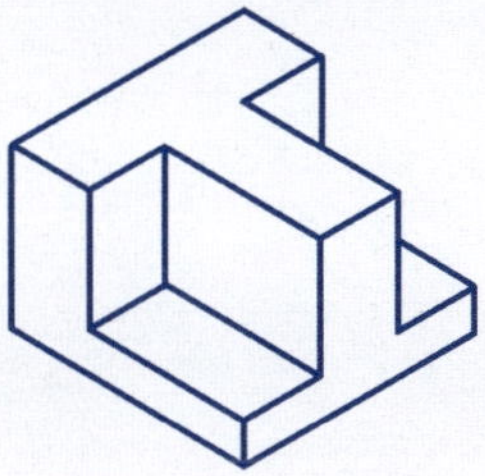

4.

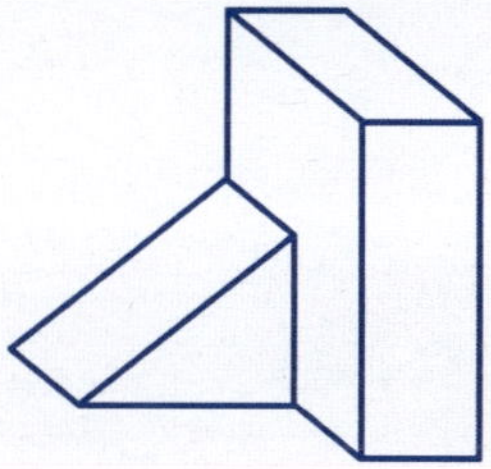

2-4 根据立体图画三视图(二)	班级		姓名		学号		页次	14

1.

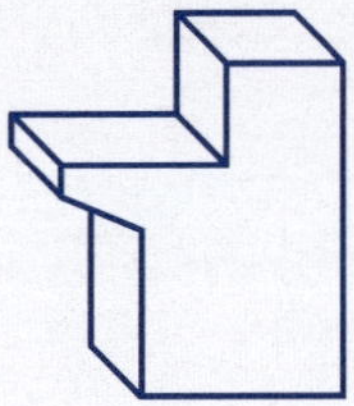

2.

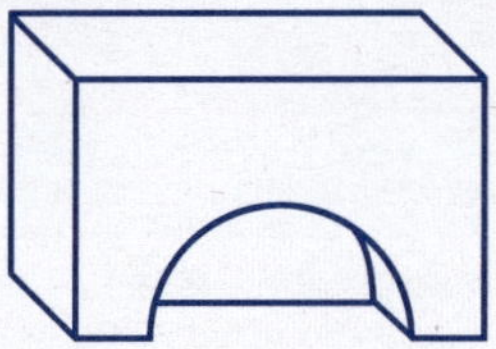

3.

4.

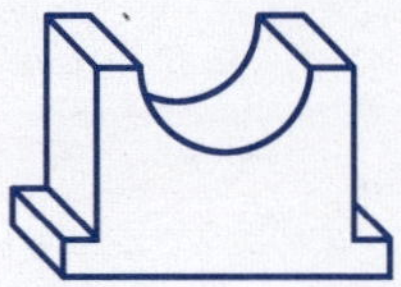

2-5　根据立体图找对应的三视图	班级		姓名		学号		页次	15

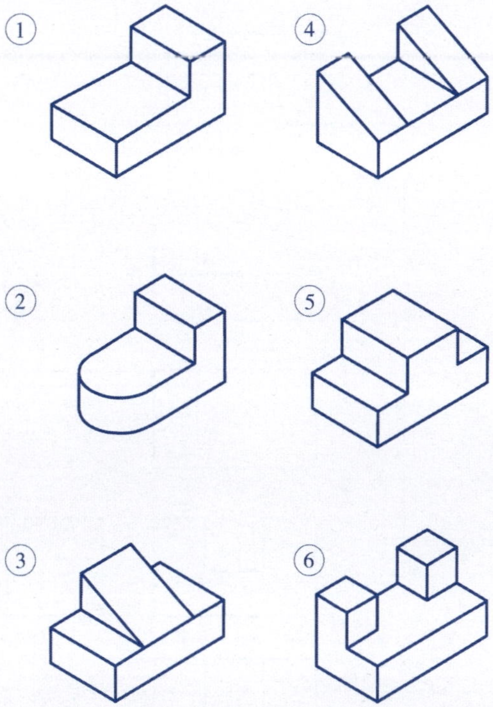

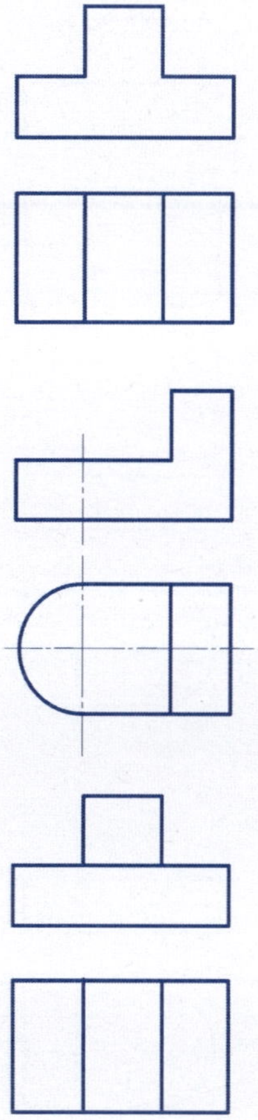

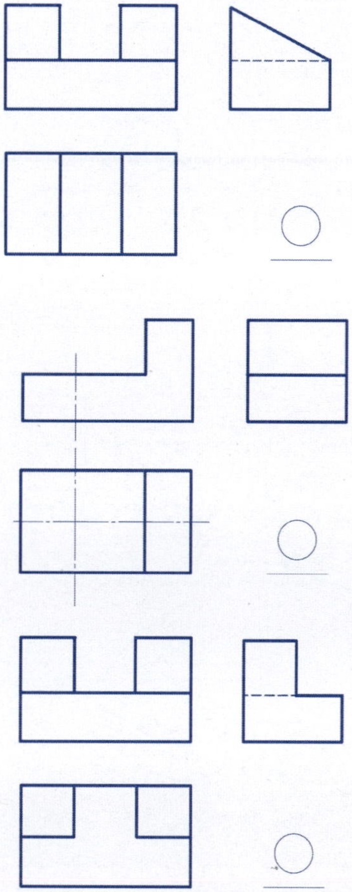

2-6 根据三视图找对应的立体图	班级		姓名		学号		页次	16

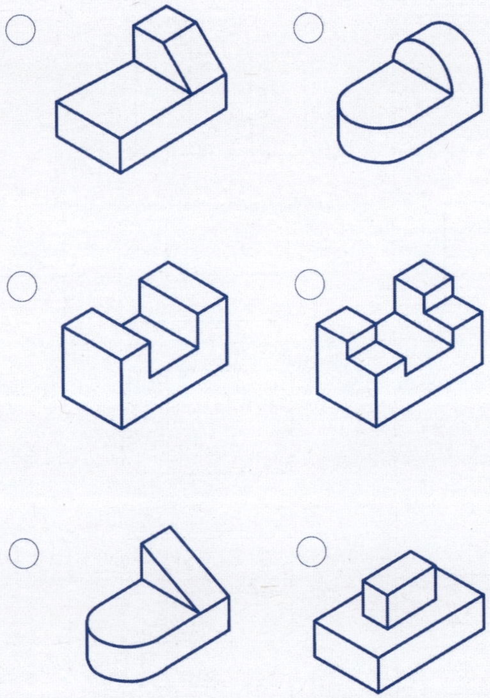

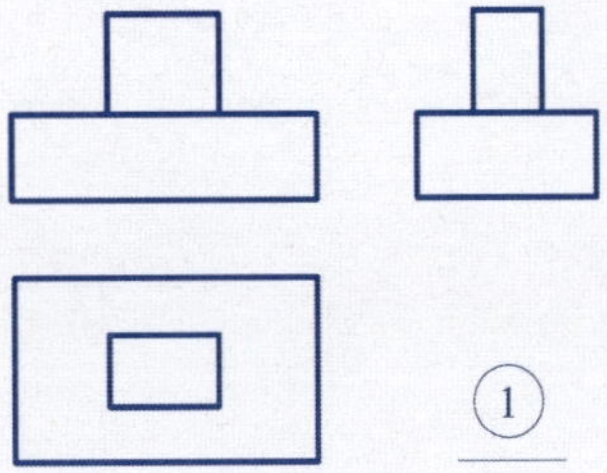

①

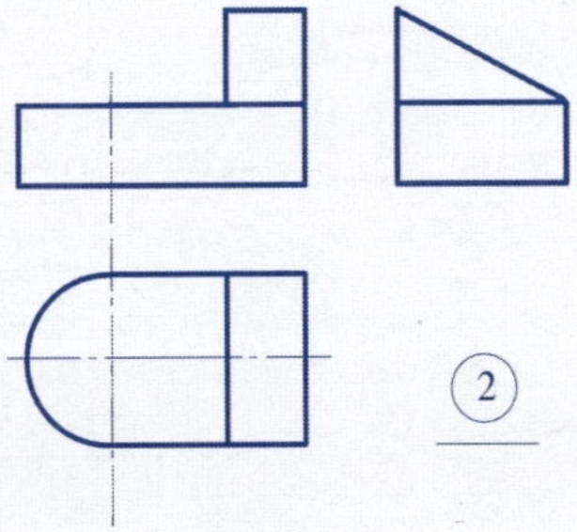

②

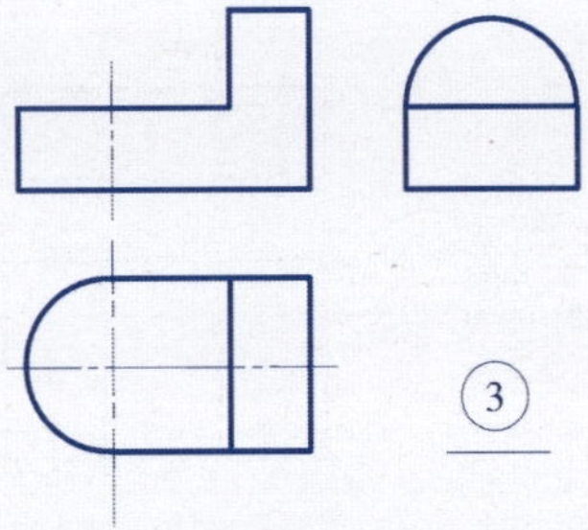

③

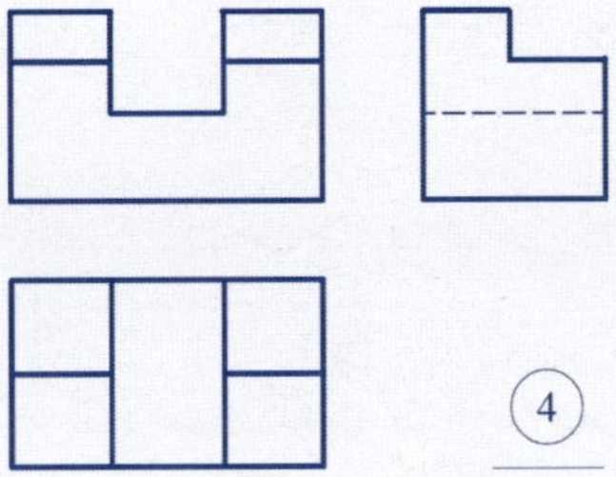

④

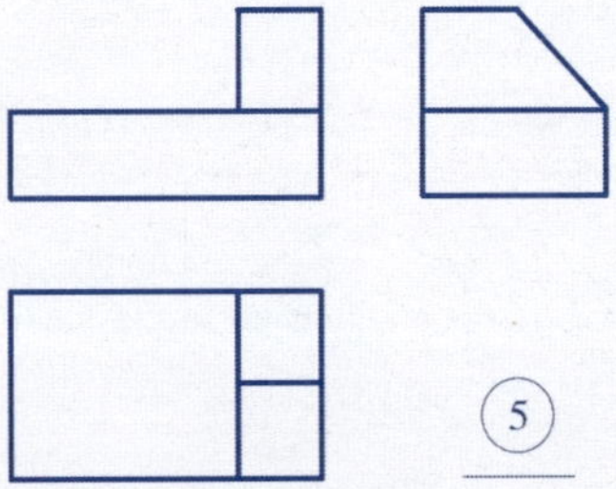

⑤

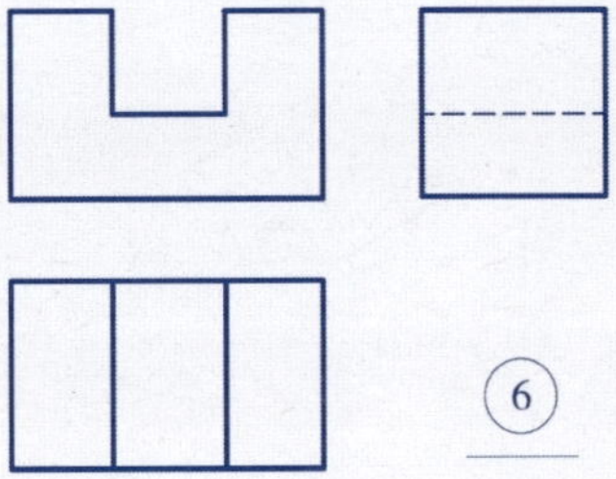

⑥

第三章　点、直线、平面的投影

3-1　点、直线、平面投影知识填空	班级		姓名		学号		页次	17

1.在点的投影中，点到 H 面的距离为______坐标。

2.空间点 A 在 B 的正前方，这两个点在______投影面上重影。

3.空间直线相对投影面的位置有三种，它们的名称分别是______________、______________和______________。

4.在投影面的垂直面中，侧垂面垂直于______面，正垂面垂直于______面。

5.空间交叉二直线在投影图上形成的交点称为______点。

6.投影面平行面中，正平面在______面上的投影反映实形，在______面和______面上积聚为一条直线。

7.空间二直线的相对位置关系有平行、____________和____________。

8.投影面平行线中，水平线的__________________投影反映实长，另外两投影分别平行 X 轴和____________轴。

9.投影面垂直线中，侧垂线在______面上的投影积聚为一点。

10.过正垂面内一点能取到_________条正垂线、____________条侧垂线、____________条水平线。

11.当圆为侧垂面(α=45°)时，圆在 V、H 面上的投影是____________。

12.在一般位置平面 P 内取一直线 AB，已知 ab//X 轴，则直线 AB 是____________线。

3-2　点的投影(一)	班级		姓名		学号		页次	18

1．已知点 A(10，20，20)、点 B(15，10，10)、点 C(20，15，0)，作出各点的投影图和直观图。

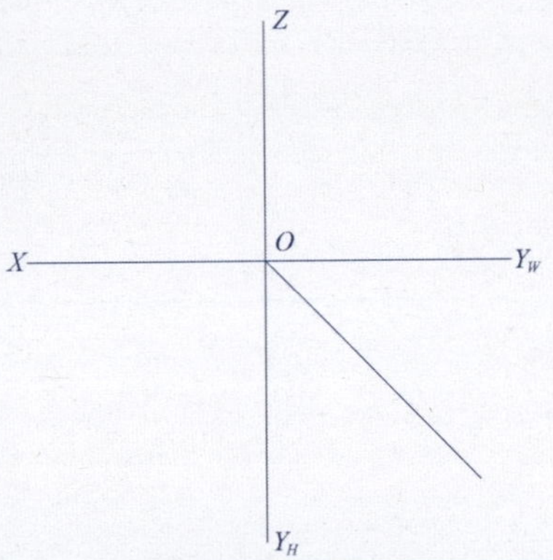

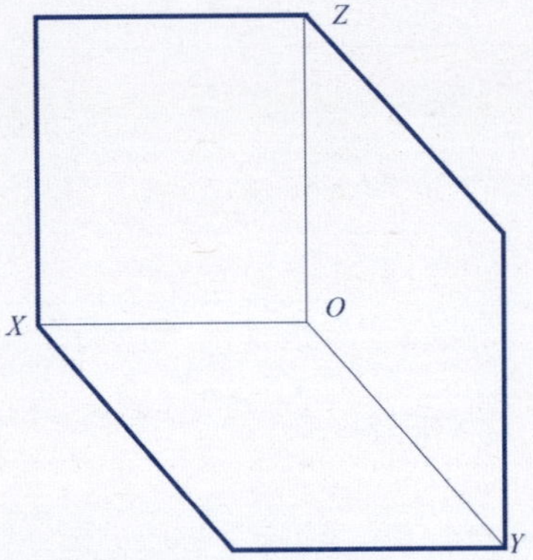

2．根据点的直观图作出其三面投影图。

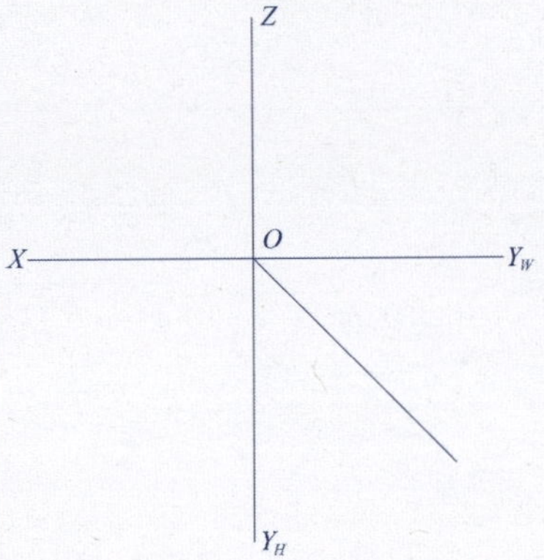

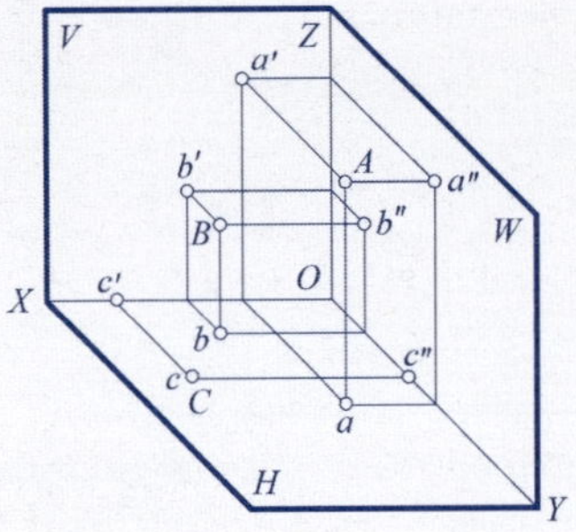

3．已知各点的两面投影，求作它们的第三面投影，并填写各点的坐标值。

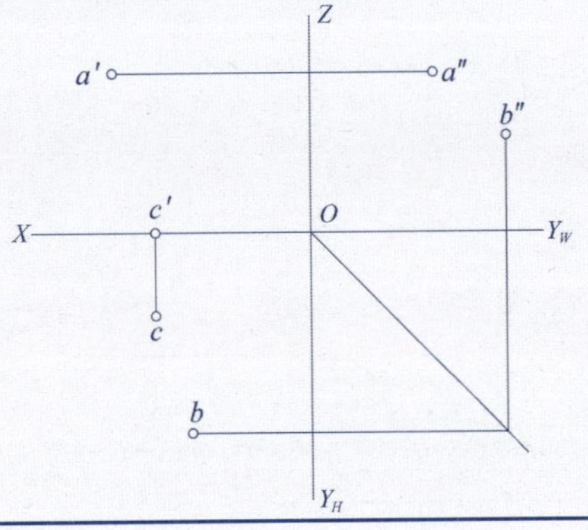

空间点	坐标值
A	
B	
C	

4．已知点 A 距 V 面 25，点 B 距 H 面 10，点 C 在 V 面上，点 D 在 H 面上，试补全各点的两面投影。(单位：mm)

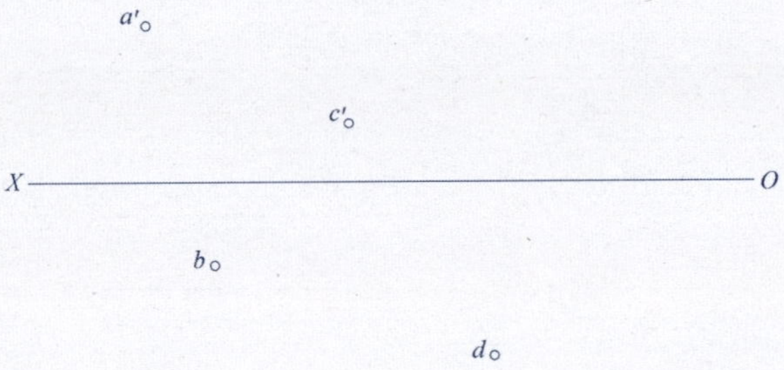

3-3　点的投影(二)	班级		姓名		学号		页次	19

1．已知点 *A* 的三面投影，点 *B* 在点 *A* 左 5 mm，比点 *A* 高 10 mm，在点 *A* 前 5 mm；点 *C* 在点 *A* 前 10 mm、右 3 mm、下 5 mm，求 *B*、*C* 两点的三面投影。

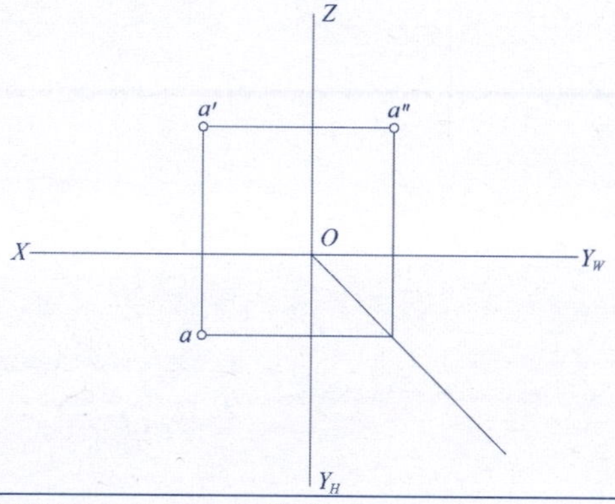

2．判断下列各点的相对位置，并判别重影点的可见性。

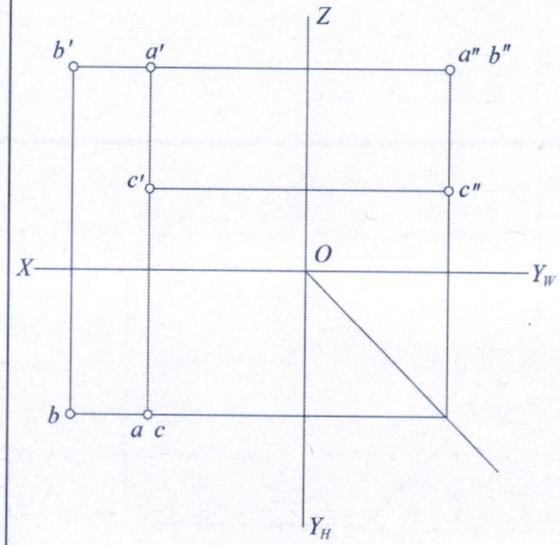

点 *A* 在点 *B* ______方

点 *C* 在点 *A* ______方

点 *C* 在点 *B* ______方

3．在投影图上标出立体上已指明的各点的三面投影，并表示出重影点的可见性。

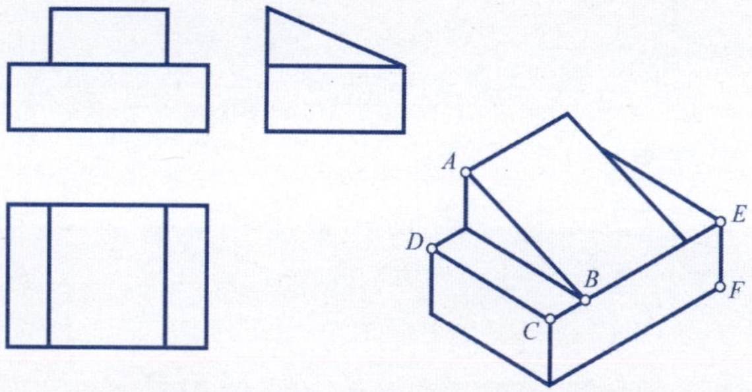

4．补出左视图，并求出 *A*、*B*、*C*、*D* 各点的三面投影。

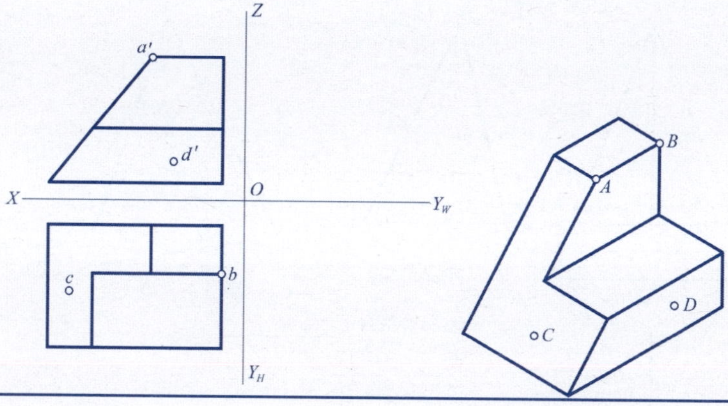

3-4 直线的投影(一)	班级		姓名		学号		页次	20

1．已知直线 *AB* 两端点的坐标 *A*(15，20，8)、*B*(15，5，20)，画出直线 *AB* 的投影和直观图。

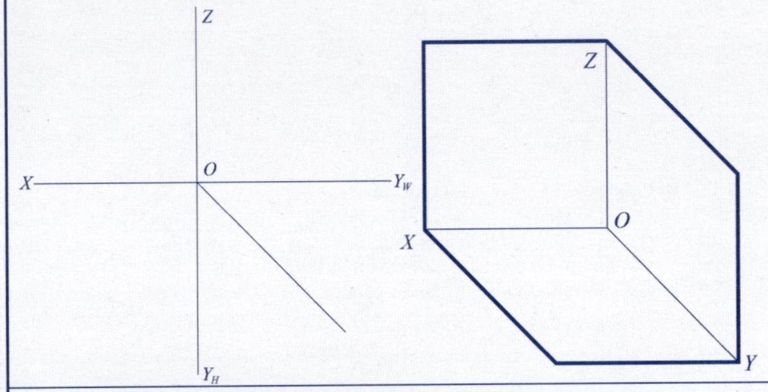

2．求下列直线的第三投影，并判断其空间位置。

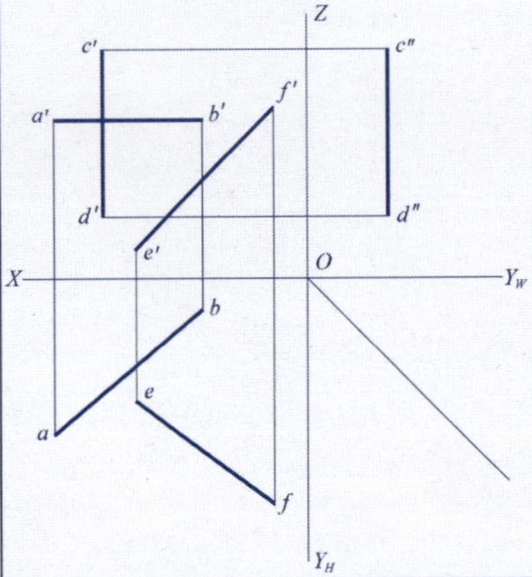

直线 *AB* 是(　　　)线

直线 *CD* 是(　　　)线

直线 *EF* 是(　　　)线

3．判断指定直线的空间位置。

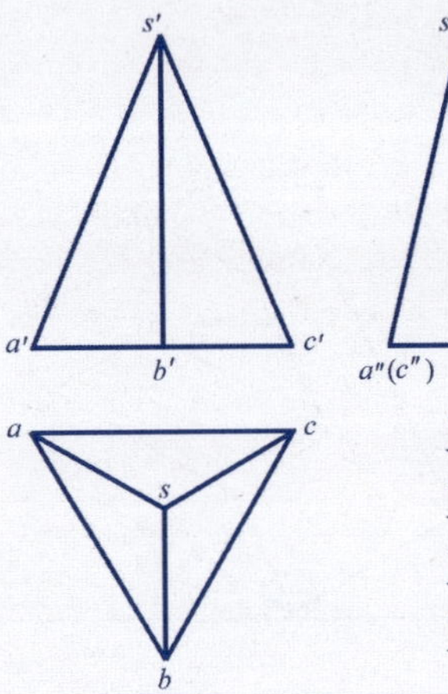

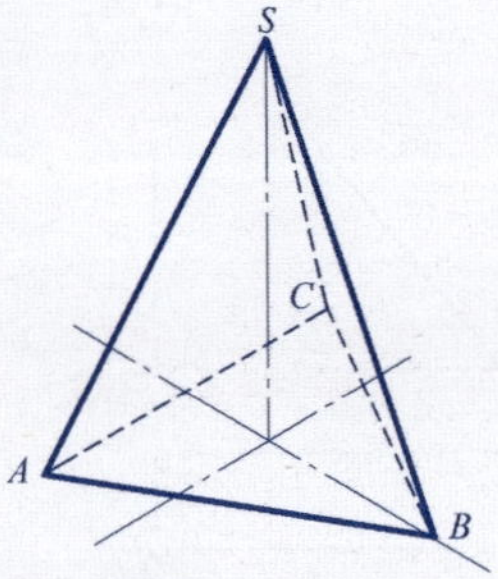

直线 *SA* 是________

直线 *SB* 是________

直线 *AB* 是________

直线 *AC* 是________

4．测定直线的实长，并标出其与投影面的倾角。

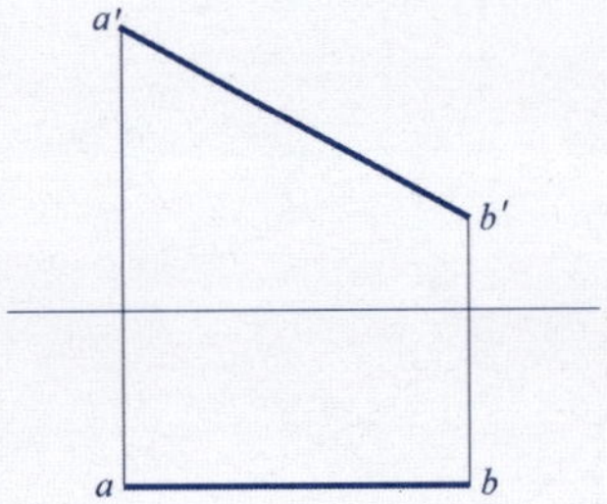

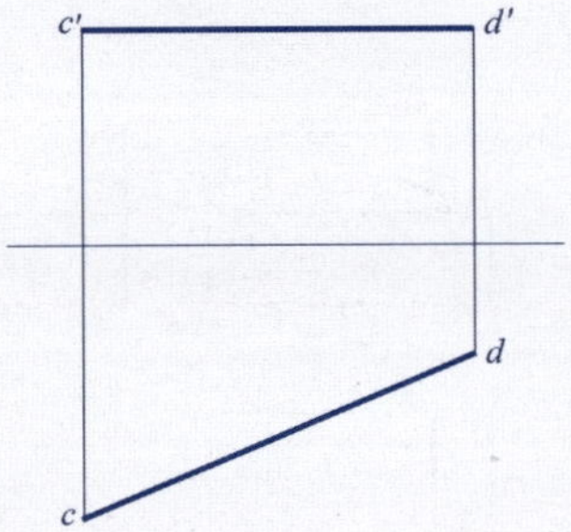

AB =

α =

CD =

β =

3-5 直线的投影(二)	班级		姓名		学号		页次	21

1. 已知正平线 *AB* 距 *V* 面 15 mm，求 *ab*；在 *AB* 线上找一点 *M*，与 *H* 面的距离为 18 mm。

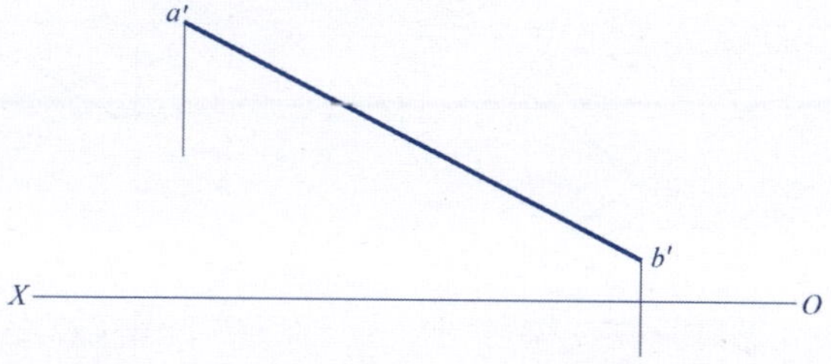

2. 作直线 *AB* 的 *W* 面投影，并在 *AB* 线上找一点 *C*，使 *AC*：*CB*=3：2。

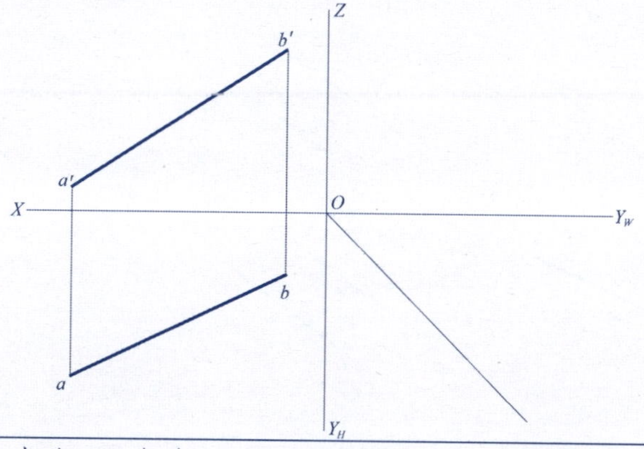

3. 判断 *K* 点是否在直线 *AB* 上。

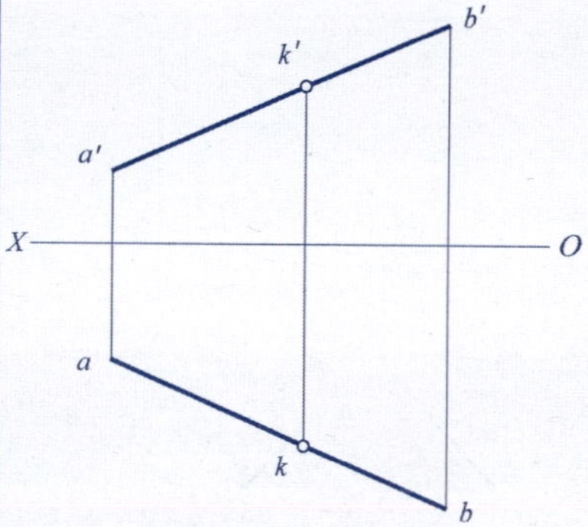

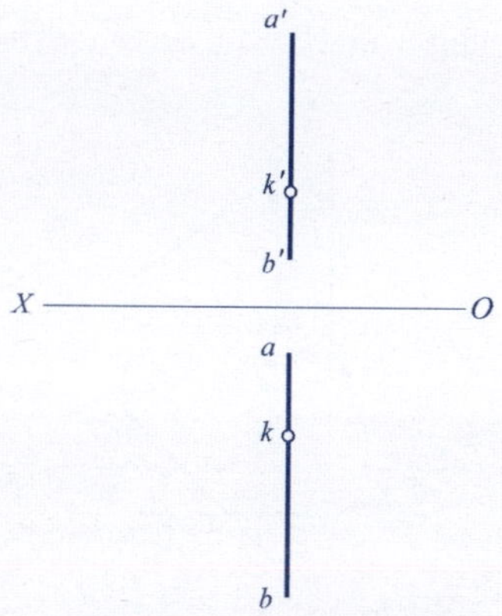

K 点(　　) 直线 *AB* 上　　　　*K* 点(　　) 直线 *AB* 上

4. 在直线 *AB* 上求一点 *C*，使其与 *H*、*V* 面等距。

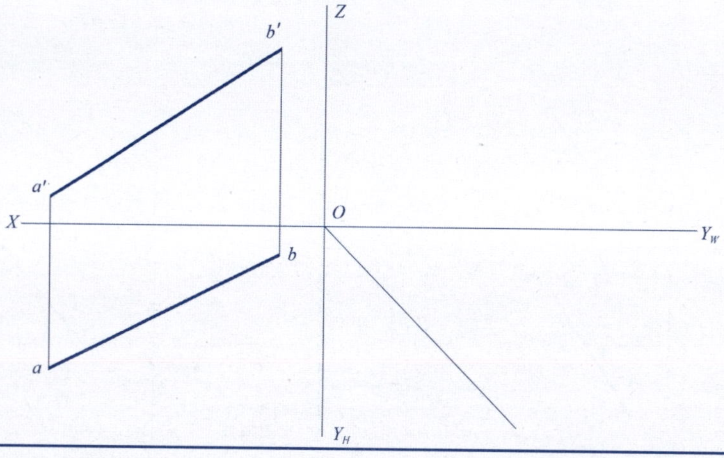

3-6 直线的投影(三)	班级		姓名		学号		页次	22

1．判断两直线的相对位置。

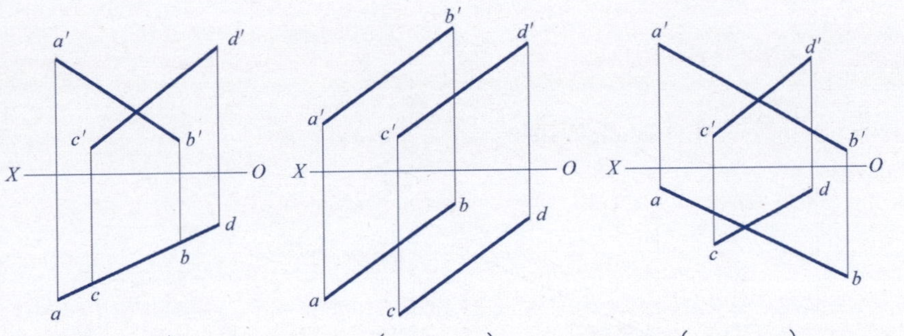

(　　)　　(　　)　　(　　)

2．已知直线 *AB*、*CD* 相交，试完成各水平投影。

(1)

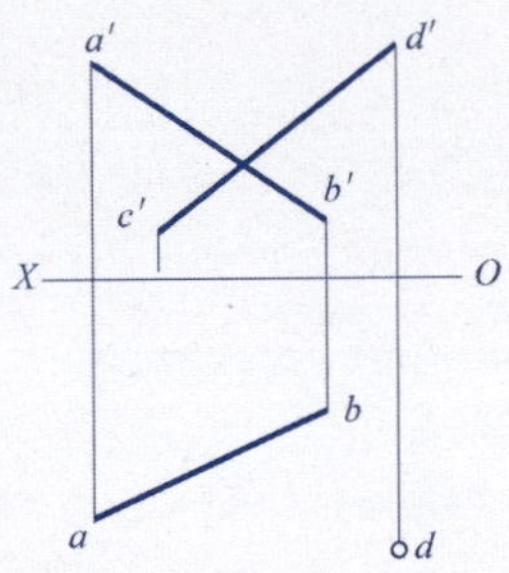

(2)

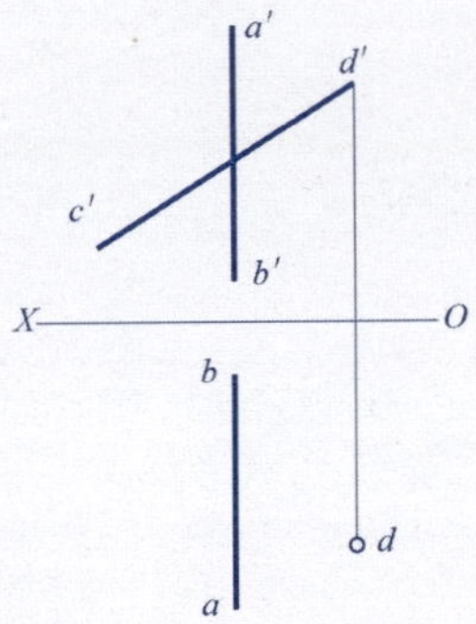

3．过 *A* 点作直线 *AB* 和直线 *CD* 相交，并满足条件：

(1)*AB* 为正平线

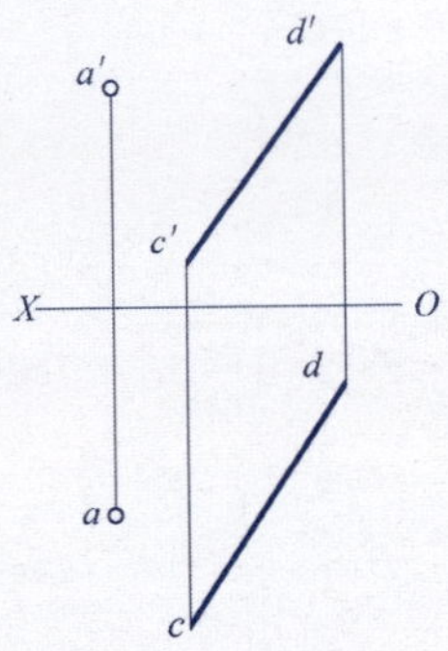

(2)*AB* 为水平线

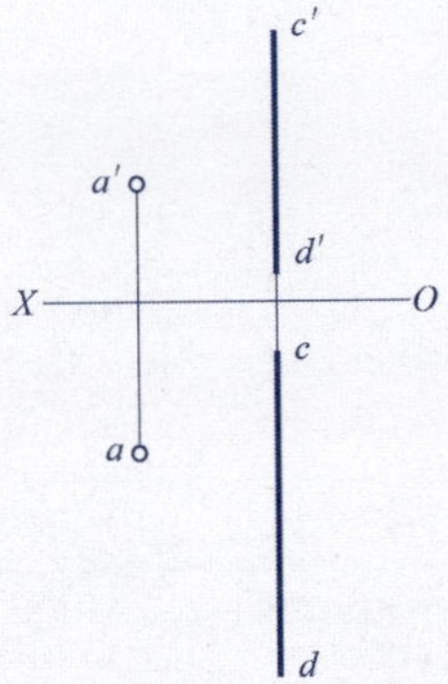

4．作一直线与 *AB*、*CD* 两直线相交，并满足条件：

(1)离 *H* 面为 10 mm　(2)平行于 *OX* 轴　(3)平行于 *EF* 直线

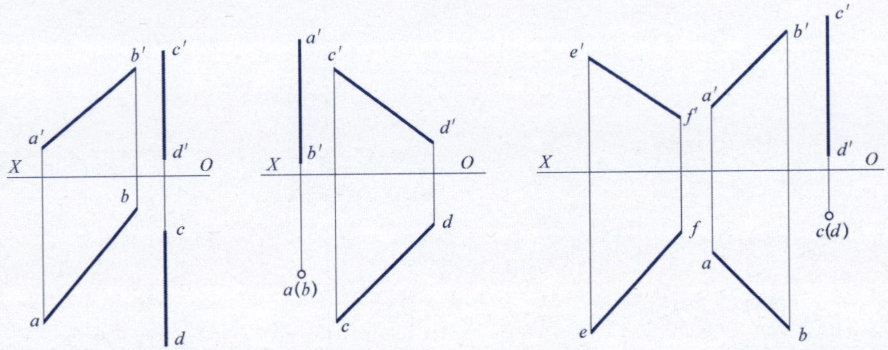

3-7　平面的投影(一)	班级		姓名		学号		页次	23

在三视图中标出指定平面的投影，并回答问题。

(1)

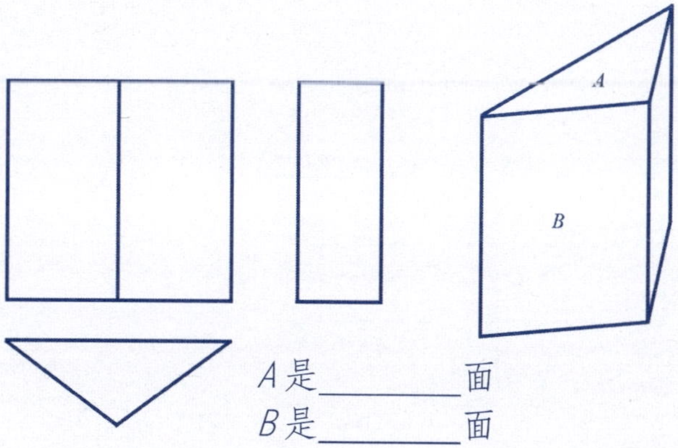

A 是________面

B 是________面

(2)

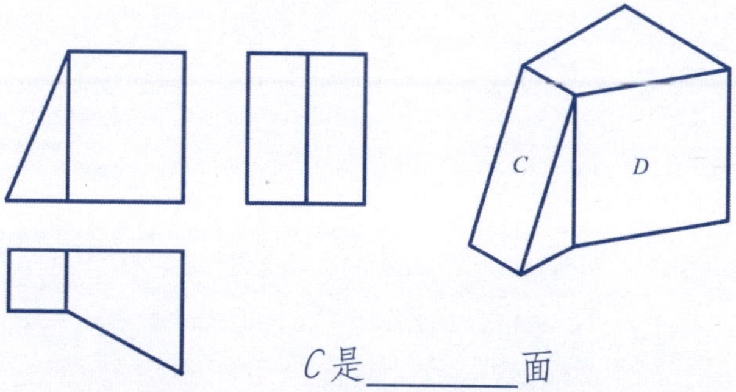

C 是________面

D 是________面

(3)

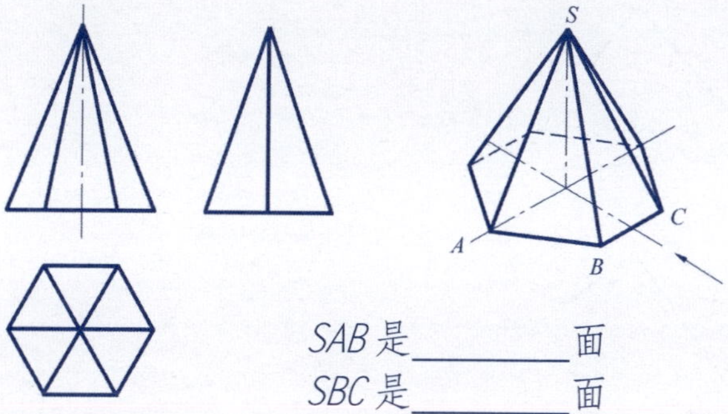

SAB 是________面

SBC 是________面

(4)

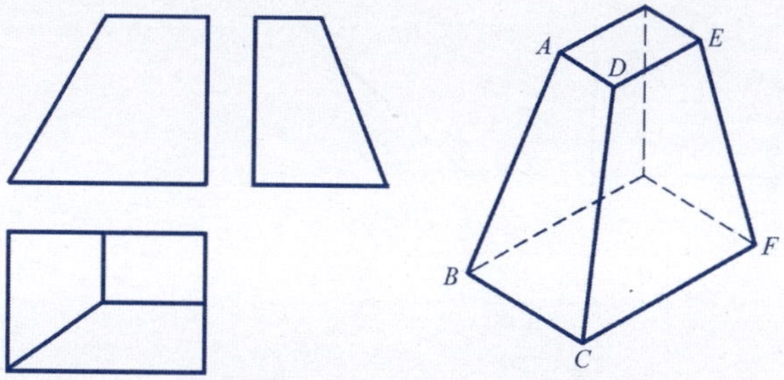

ABCD 是________面

CDEF 是________面

3-8 平面的投影(二)	班级		姓名		学号		页次	24

已知平面的两面投影，求作第三面投影，并判断平面的空间位置。

(1)

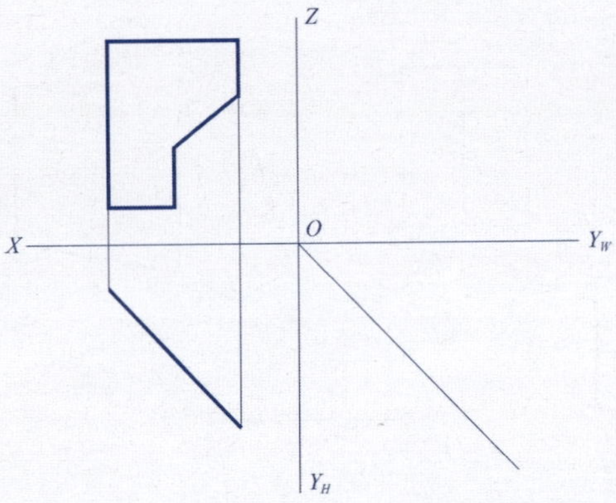

平面为_____面

(2)

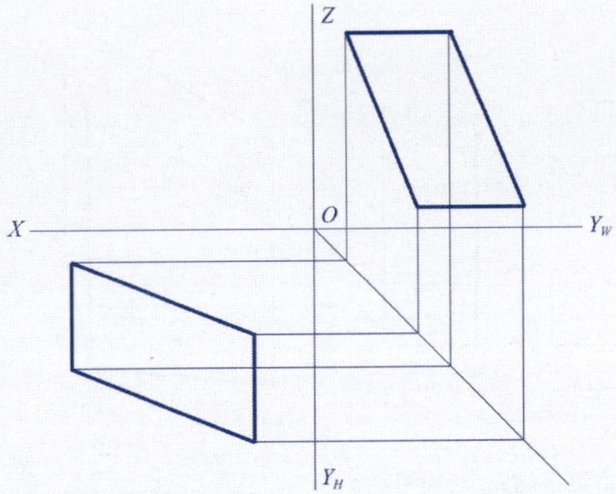

平面为_____面

(3)

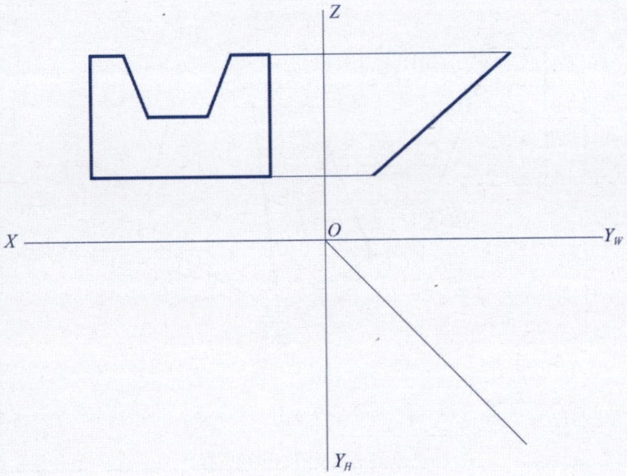

平面为____面

(4)

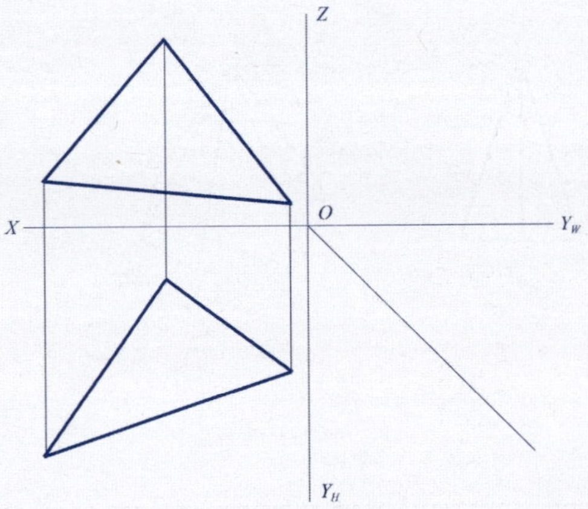

平面为_____面

3-9 平面的投影(三)	班级		姓名		学号		页次	25

1．已知铅垂面 β=30°，试完成其三面投影。

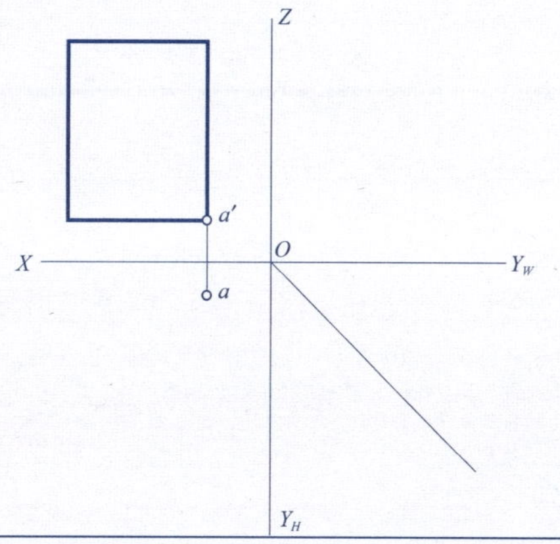

2．在△ABC 平面内过点 A 作水平线，过点 C 作正平线。

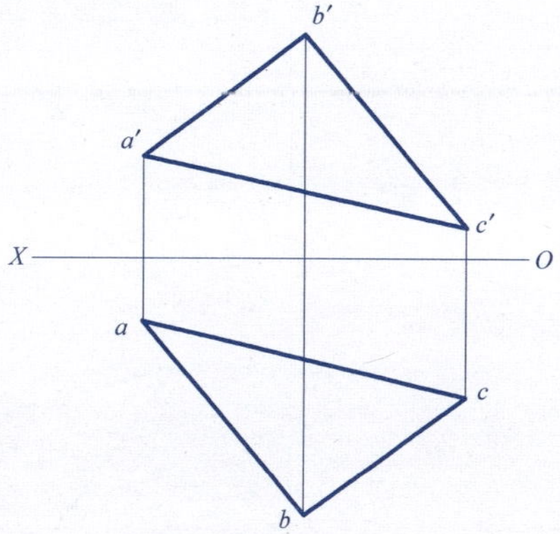

3．补全平面的水平投影。

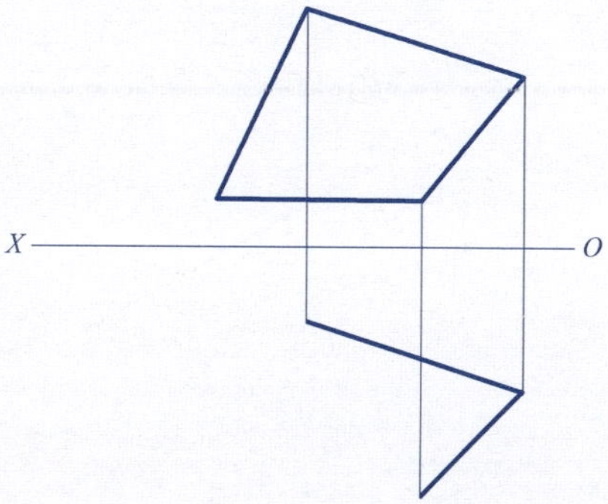

4．点 K 在 ABC 平面上，根据一面投影求其另一投影。

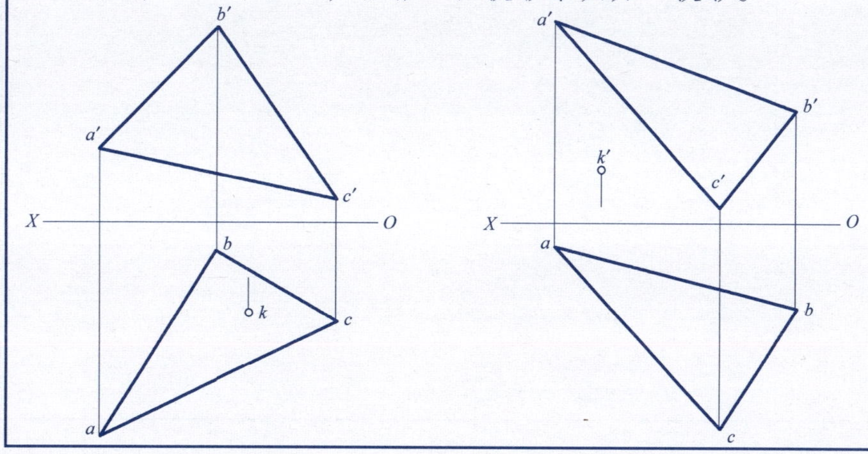

5．求出平面内△ABC 的 H 面投影。

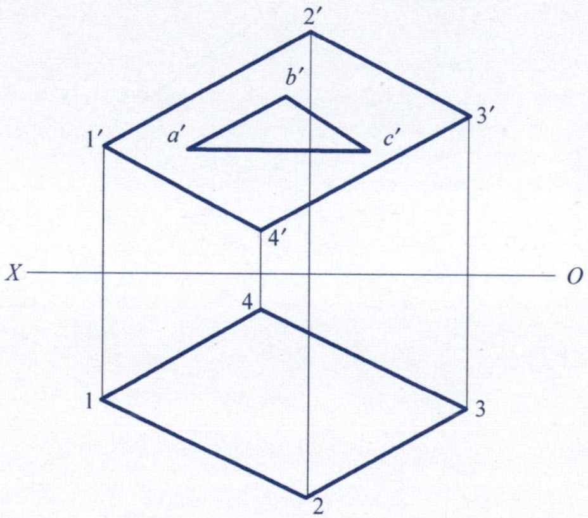

3-10 投影变换	班级		姓名		学号		页次	26

1. 用换面法或旋转法求线段 *AB* 的实长及倾角。

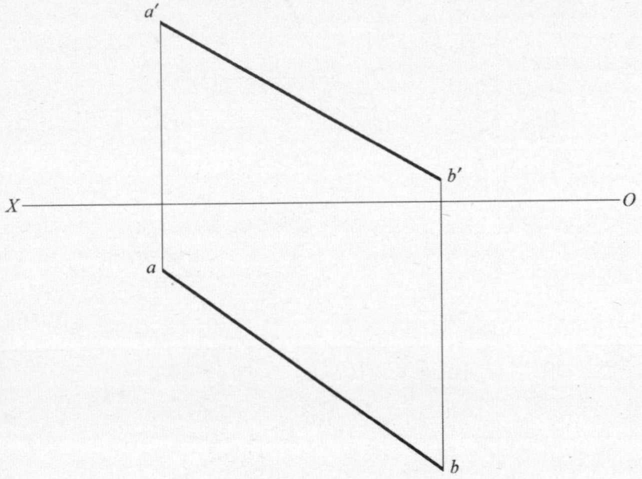

线段的实长：*AB*=　　　　　倾角：α=

2. 用换面法或旋转法求△*ABC* 平面的实形。

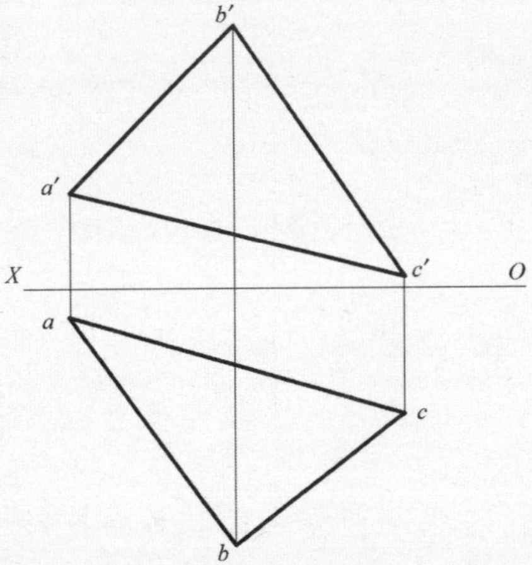

第四章　立体的投影

4-1　立体投影知识填空	班级		姓名		学号		页次	27

1．基本体分为____________和____________两大类；表面都是由平面所构成的形体称为____________，表面中含有曲面的形体称为____________。

2．所有柱体的视图特征为：两个视图外框为______，另一个视图外框反映__________。

3．所有锥体的视图特征为：两个视图外框为_______，另一个视图外框反映_______。

4．所有台体的视图特征为：两个视图外框为______，另一个视图为______________。

5．正五棱锥的两个视图外框为___________，另一个视图为________________。

6．半圆柱的两个视图外框为___________，另一个视图外框为________________。

7．半圆球的两个视图为___________，另一个视图为________________。

8．主视图为梯形，俯、左视图外框为矩形，该立体为________________。

9．主视图为梯形，俯视图为两个同心圆，该立体为________________。

10．一个视图为L形，另两个视图外框为矩形，该立体为________________。

4-2 根据已知条件完成棱柱体的三视图	班级		姓名		学号		页次	28

1. 长度为 35 的正三棱柱。

2. 高度为 25 的正五棱柱。

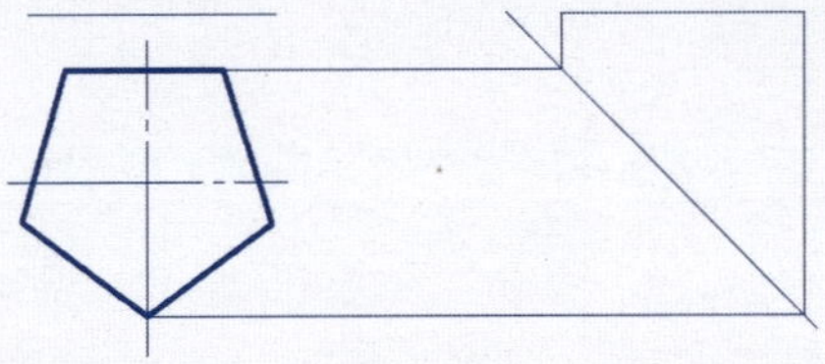

3. 高度为 20 的直八棱柱。

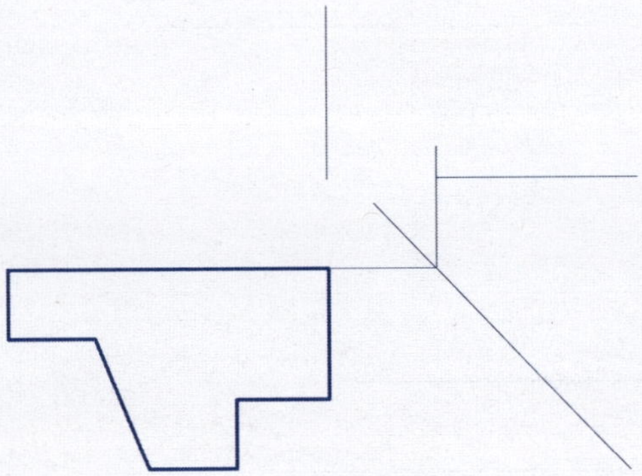

4. 高度为 20 的通孔直四棱柱。

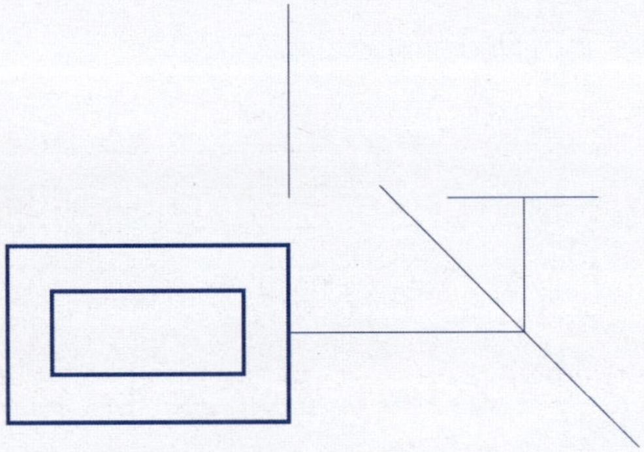

4-3 根据已知条件完成棱锥(台)体的三视图	班级		姓名		学号		页次	29

1. 高度为 20 的正三棱锥。

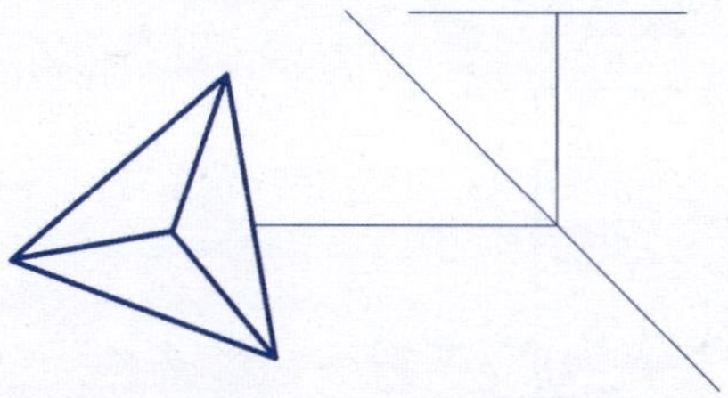

2. 高度为 20 的四棱台。

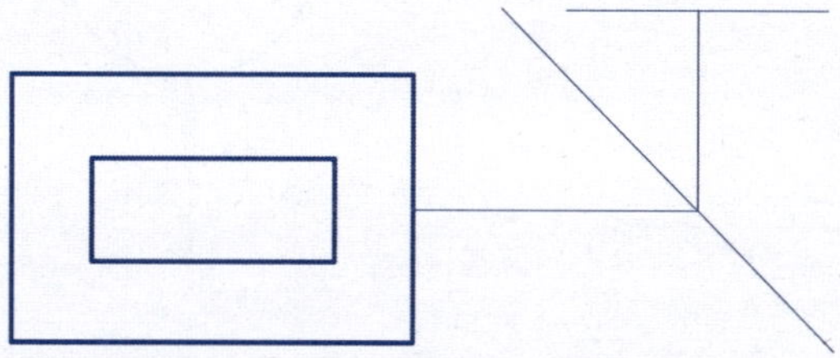

3. 高度为 20 的正五棱台。

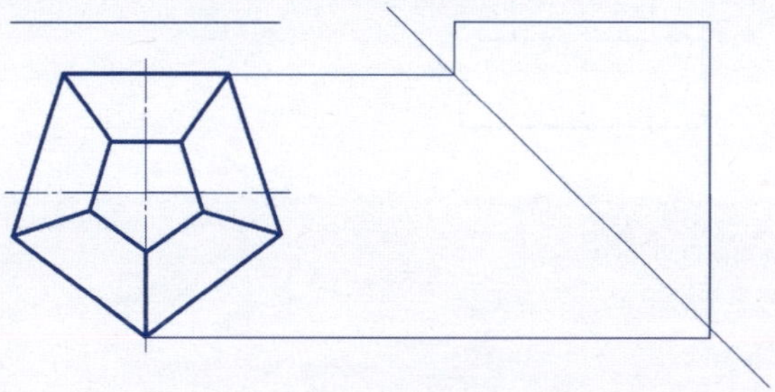

4. 高度为 20 的正六棱锥。

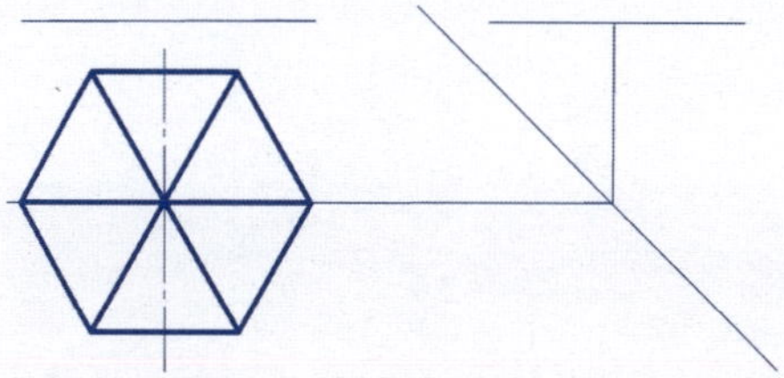

4-4　根据已知条件完成曲面体的三视图(一)	班级		姓名		学号		页次	30

1. 长度为 30 的圆柱。

2. 高度为 25 的 1/4 圆柱。

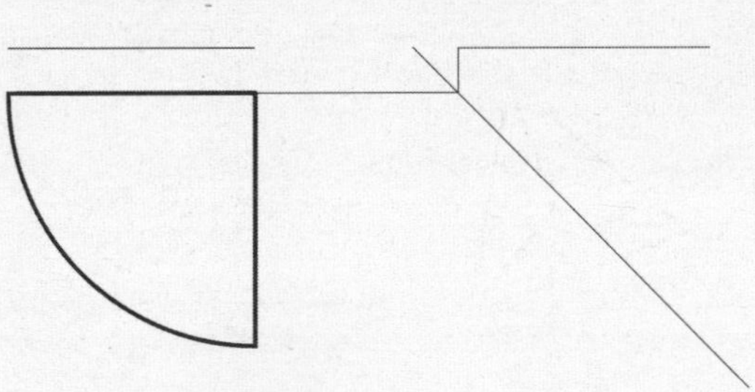

3. 长度为 20 的半圆筒。

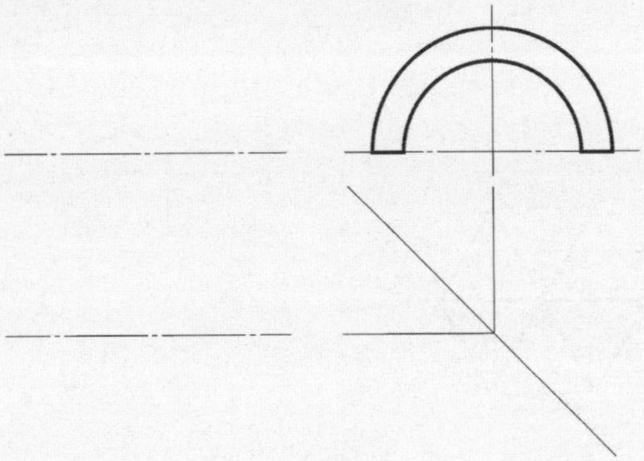

4. 上下叠加的两个圆柱。

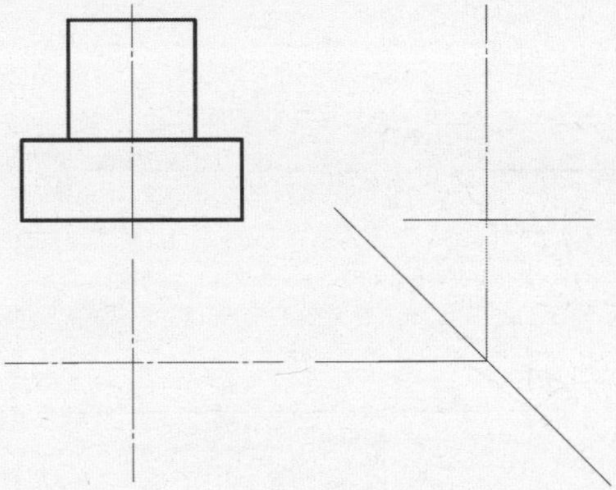

4-5 根据已知条件完成曲面体的三视图(二)	班级		姓名		学号		页次	31

1. 长度为 30 的半圆锥。

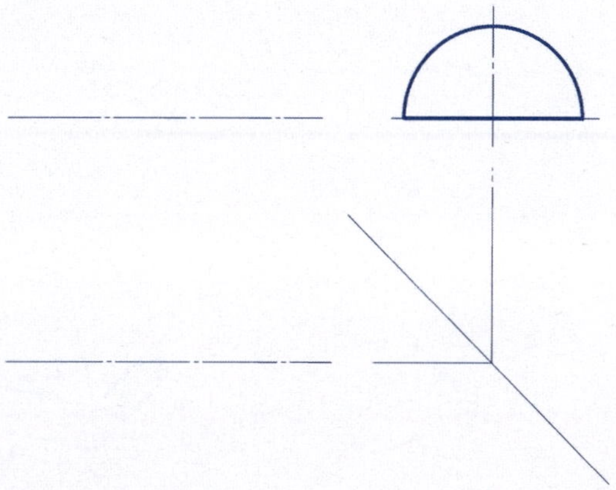

2. 长度为 30 的半圆台。

3. 圆台与半圆球叠加。

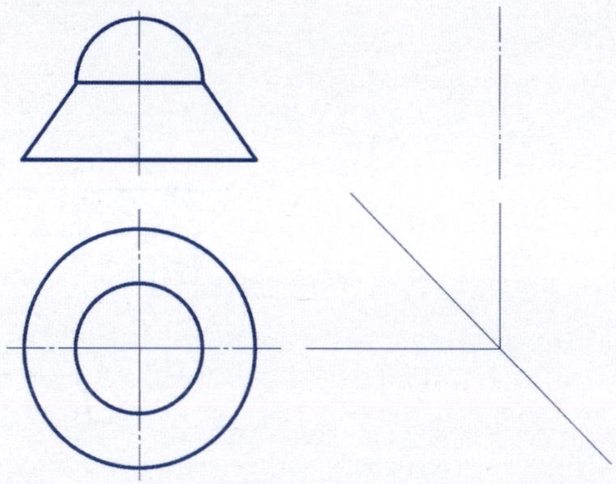

4. 半圆球与圆柱叠加。

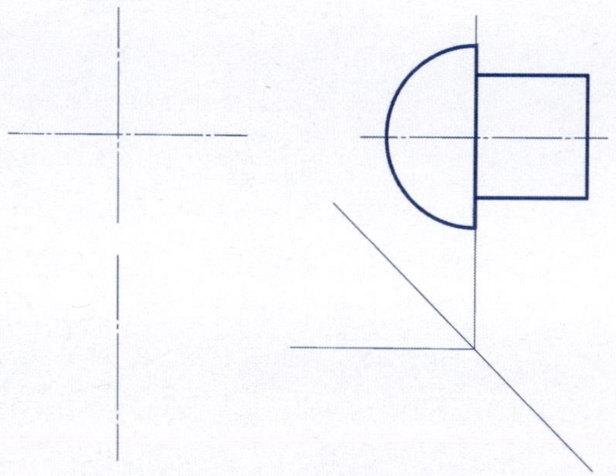

4-6 根据立体图画三视图(尺寸从图中量取)	班级		姓名		学号		页次	32

1.

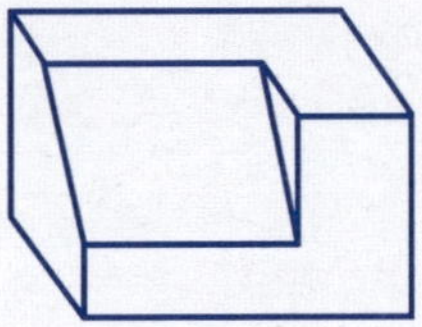

2.

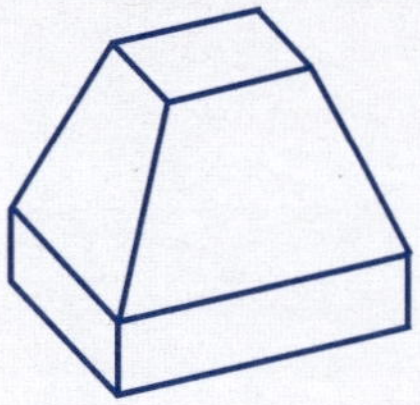

3.

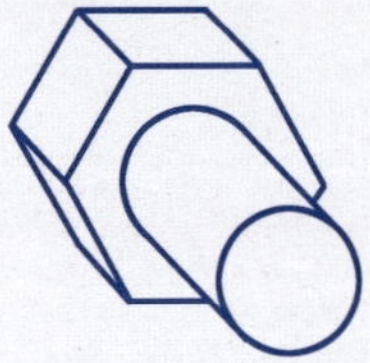

4.

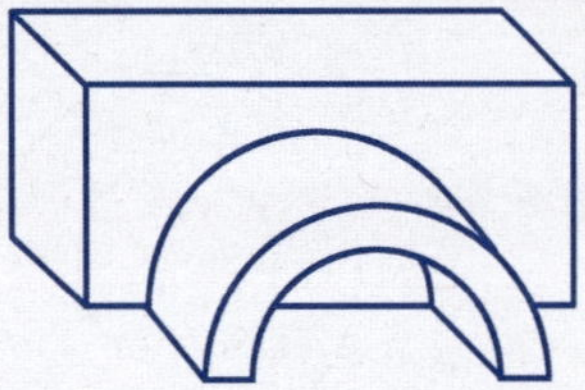

4-7 根据两面视图补第三视图	班级		姓名		学号		页次	33

1.

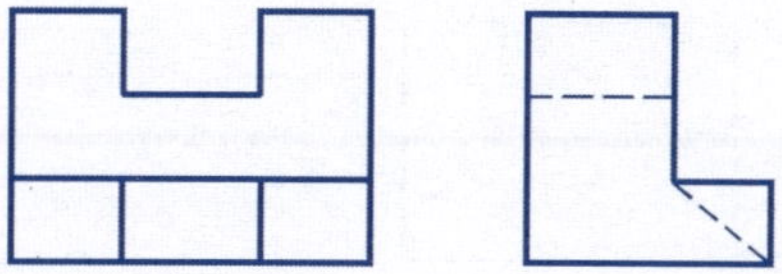

2.

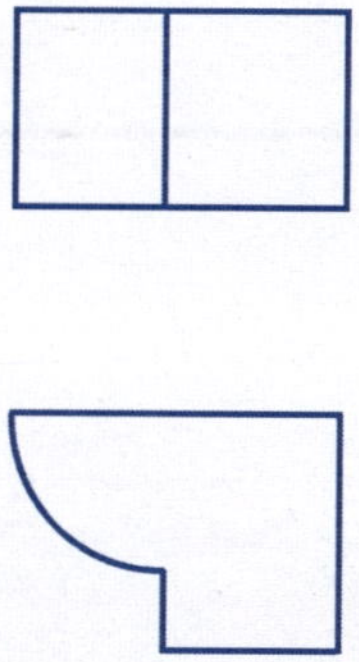

3.

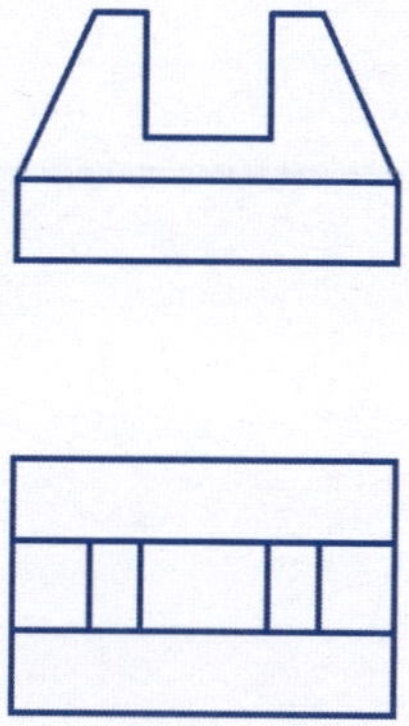

4.

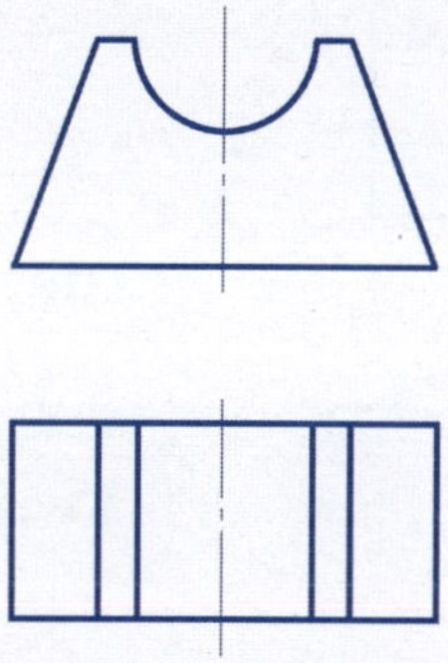

5.

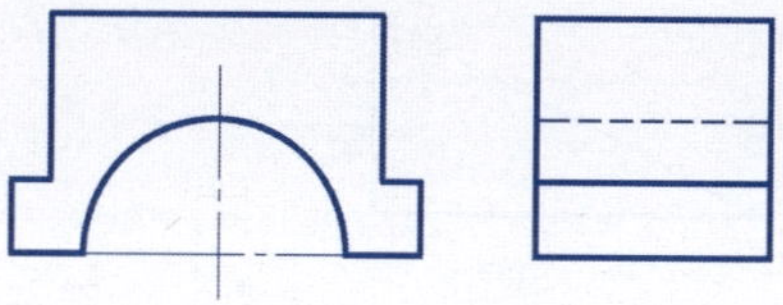

6.

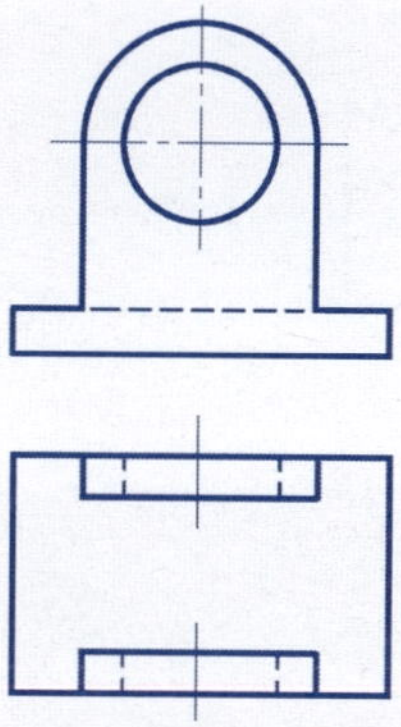

4-8 构思补图(根据一面视图补两面视图)	班级		姓名		学号		页次	34

1.

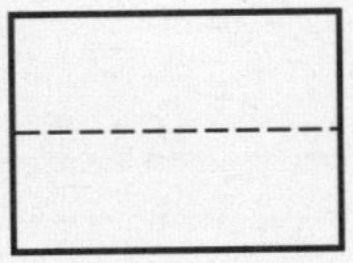

2.

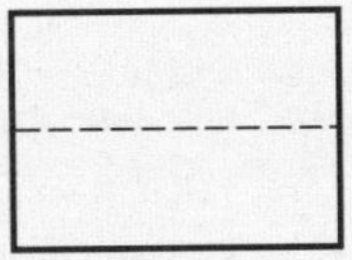

3.

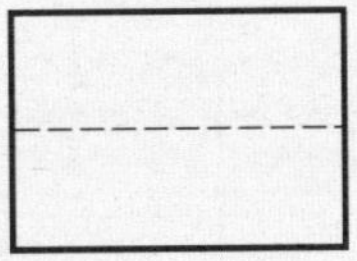

4.

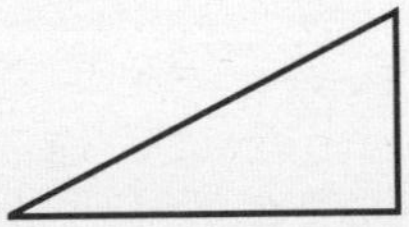

5.

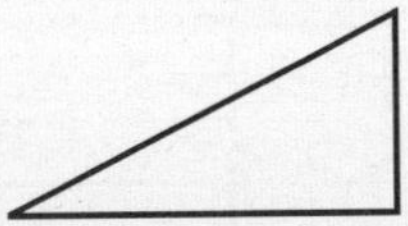

6.

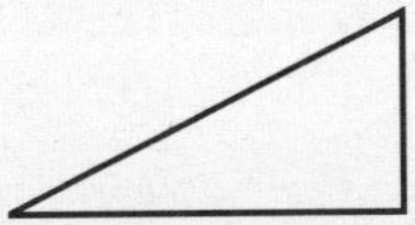

第五章　轴测图

5-1　轴测图知识填空	班级		姓名		学号		页次	35

1. 轴测图根据投射方向与轴测投影面是否垂直，可以分为________、________两种。

2. 正等测图的轴间角是________，轴向伸缩系数是________，简化为________。

3. 斜二测图的轴间角分别是__________，轴向伸缩系数分别是______________。

4. 物体上互相平行的线段，在轴测图中__________，称之为__________的基本特性。

5. 物体上凡与坐标轴平行的线段，在轴测图中________________，称之为______的基本特性。

6. 画轴测图常用的方法有_________、_________、_________和_________等。

7. 物体上平行于三个坐标面的圆，其正等测图都是__________________。

8. 在圆的正等测图中，按简化系数作图时，椭圆的长轴约为圆直径的_________，短轴约为圆直径的__________________。

9. 平行于正面的圆的斜二测图为____________________，水平圆和侧平圆的斜二测图都是__________________。

10. 选择轴测图的类型时，一般从_______________和_______________来考虑。

5-2 根据视图画平面体正等测图	班级		姓名		学号		页次	36

1.

2.

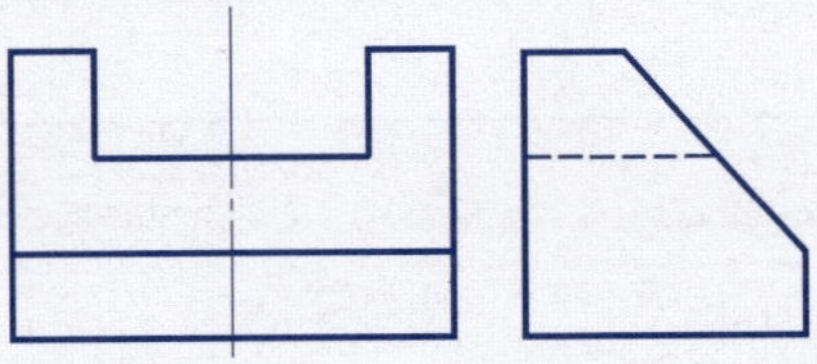

3.

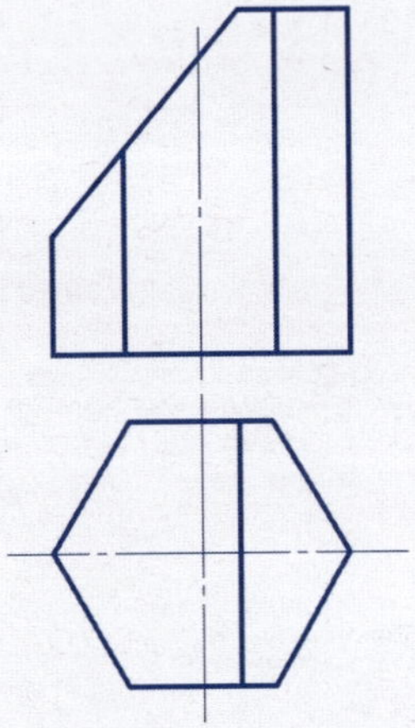

4.

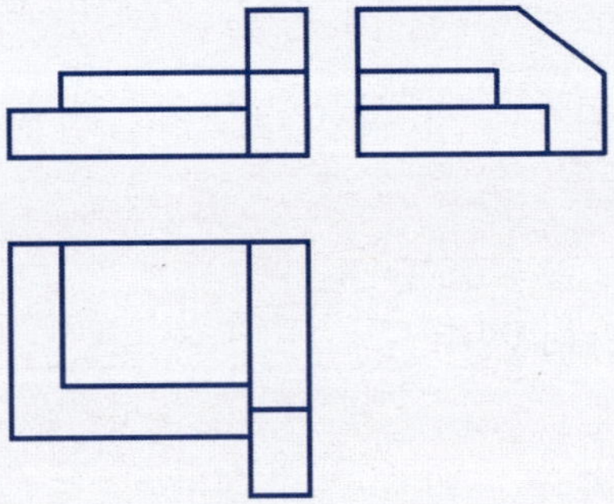

5-3 根据视图画平面体斜二测图	班级		姓名		学号		页次	37

1.

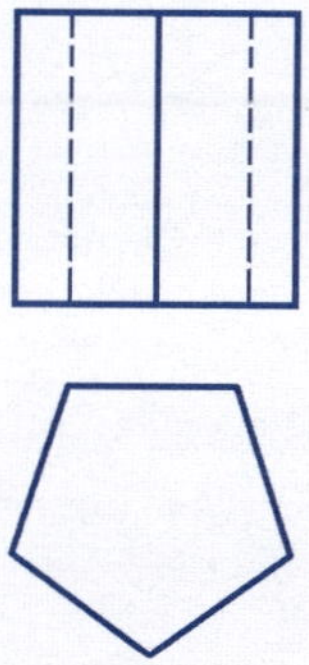

2.

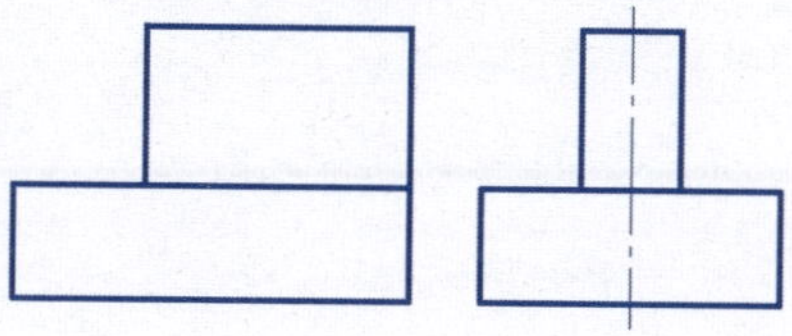

3.

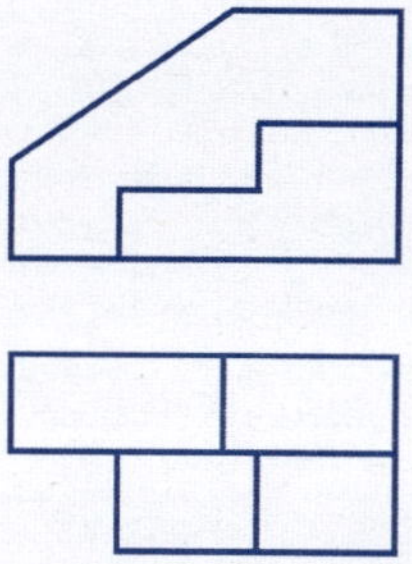

4.

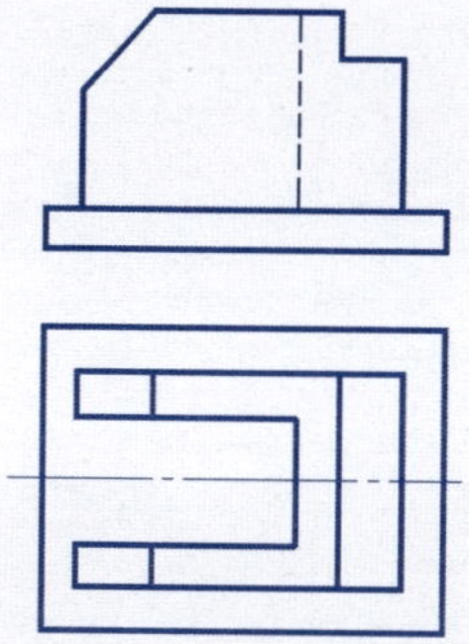

5-4　根据视图画曲面体正等测图	班级		姓名		学号		页次	38

1.

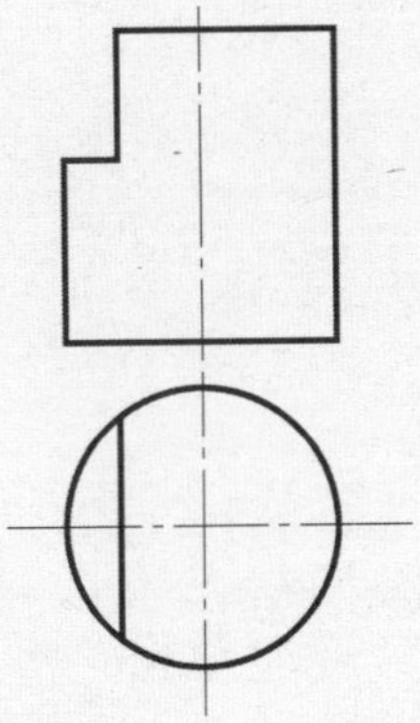

2.

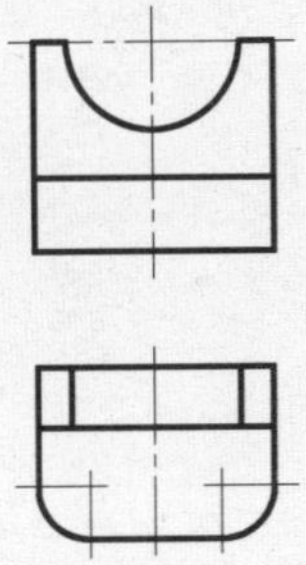

3.

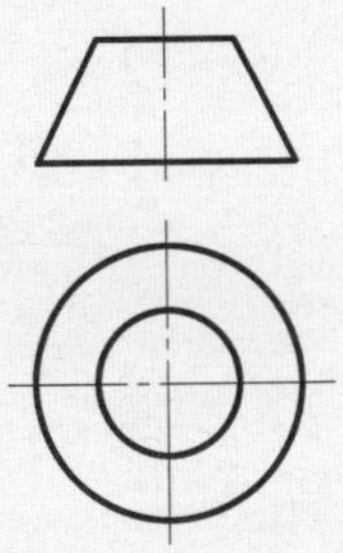

4.

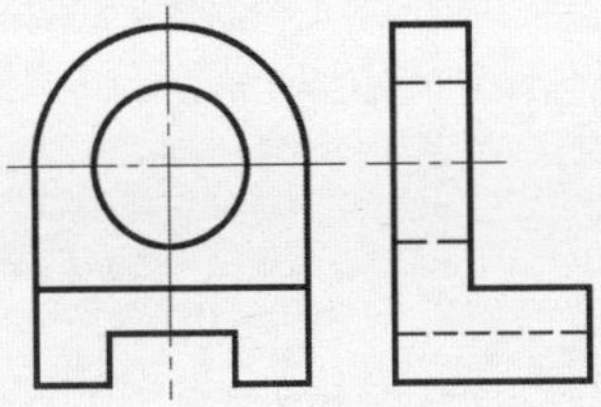

5-5 根据视图画斜二测图	班级		姓名		学号		页次	39

1.

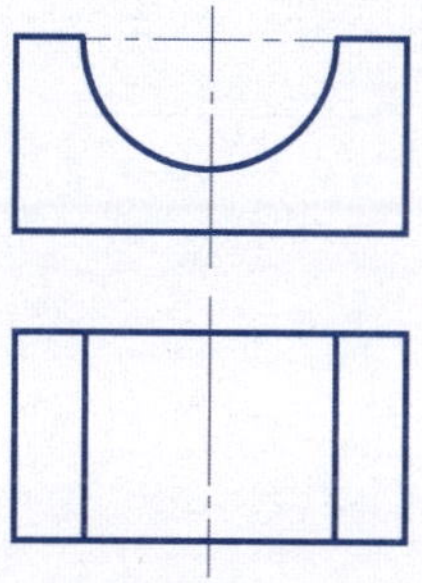

2.

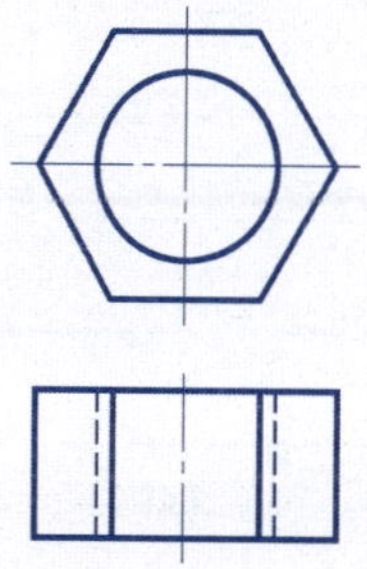

3.

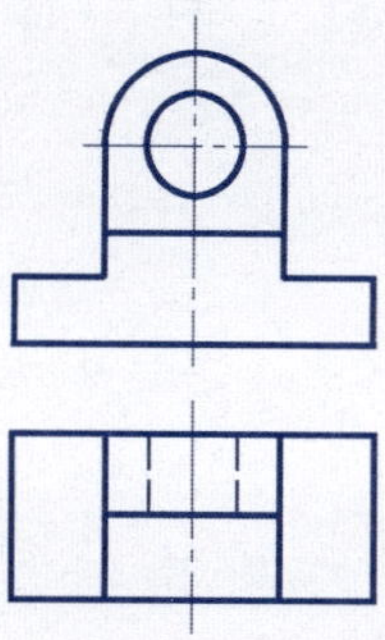

4.

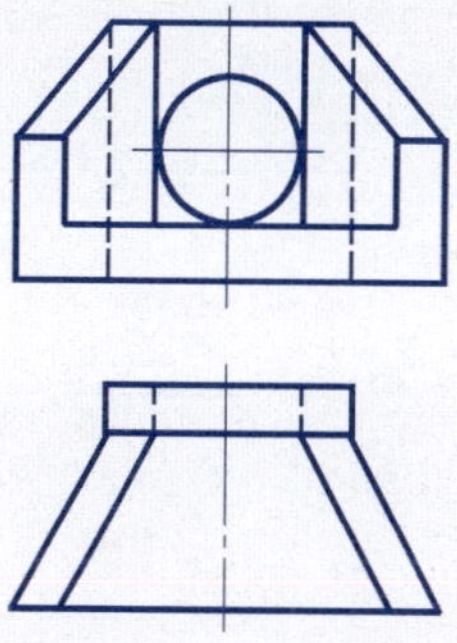

第六章　立体表面的交线

6-1　立体表面交线知识填空	班级		姓名		学号		页次	40

1．立体表面上取点的方法有__________、__________和__________三种。

2．截交线是__________________与__________________的交线。

3．平面体截交线一般是______________________________。

4．圆柱体截交线因截平面与圆柱轴线位置关系不同，可分三种形式，分别为____________、____________、____________。

5．当截平面平行于投影面时，圆球截交线的一个投影是_____________，另两个投影为平行于投影轴的__________________________。

6．相贯线是____________________________的交线，相贯线上的每一个点都是两立体表面的_____________。

7．两平面立体相交，相贯线为__________________________。

8．平面体与曲面体相交，相贯线由____________________________________组成。

9．两曲面体相交，相贯线一般是_________________________。

10．两圆柱体直径不等，轴线正交时，相贯线为通过______________，凸向大圆柱轴线方向的_____________；其相贯线的求法有_____________和_____________。

6-2　判别点在立体表面上的位置	班级		姓名		学号		页次	41

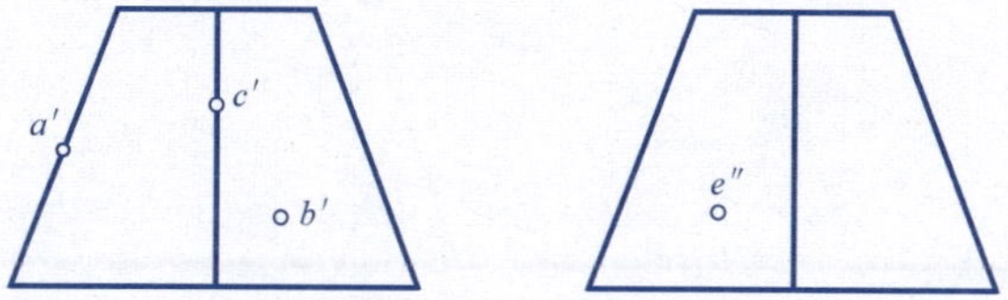

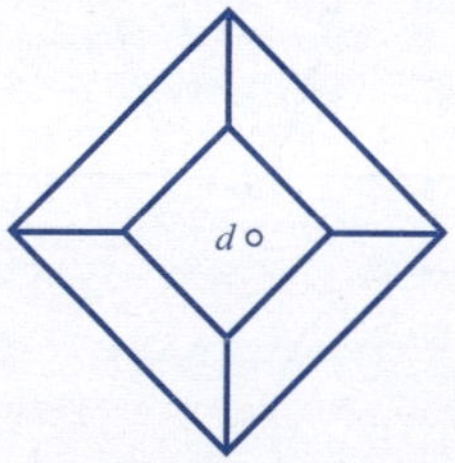

点 A 在________

点 B 在________

点 C 在________

点 D 在________

点 E 在________

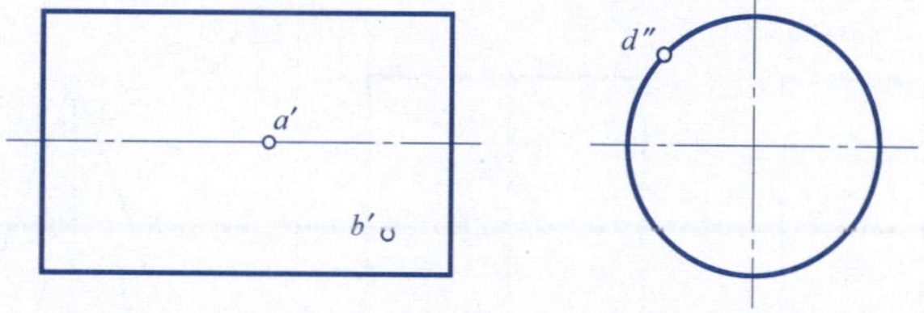

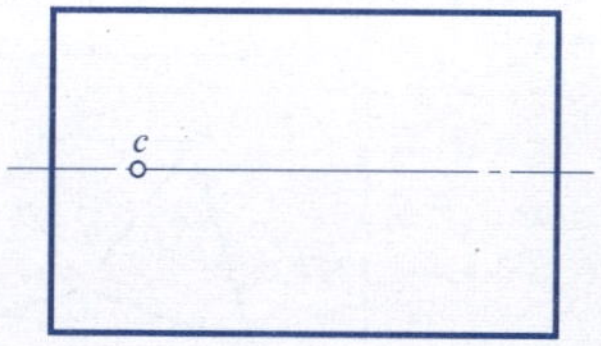

点 A 在________

点 B 在________

点 C 在________

点 D 在________

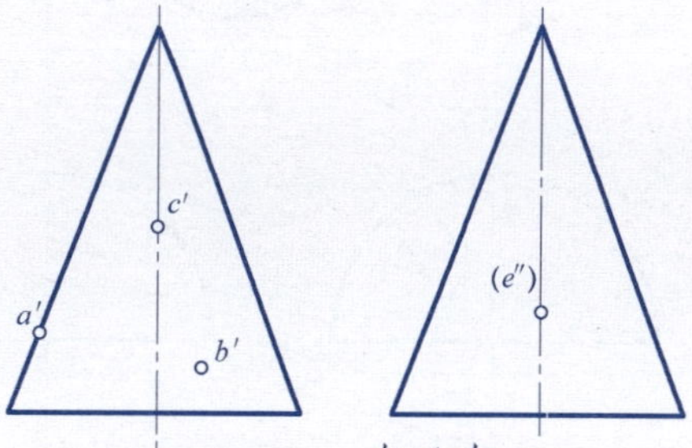

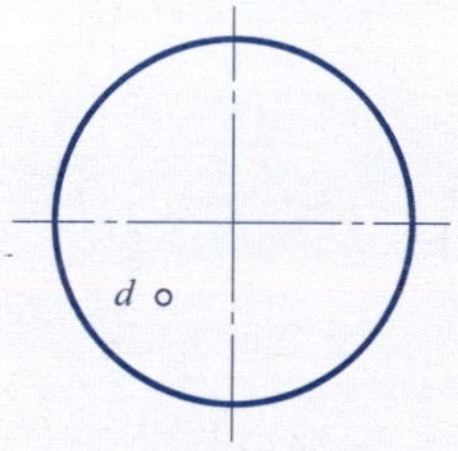

点 A 在________

点 B 在________

点 C 在________

点 D 在________

点 E 在________

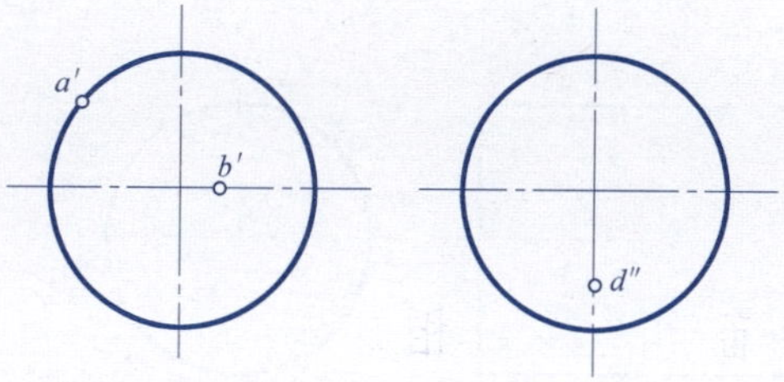

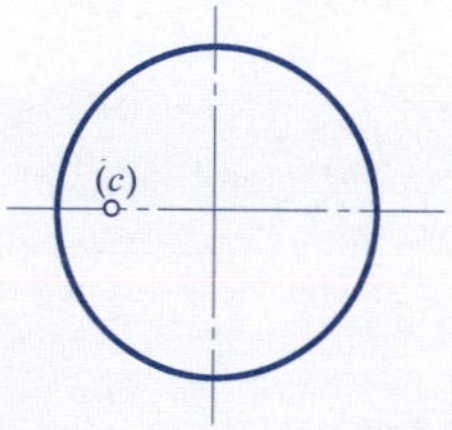

点 A 在________

点 B 在________

点 C 在________

点 D 在________

6-3 求立体表面上点的投影	班级		姓名		学号		页次	42

1.

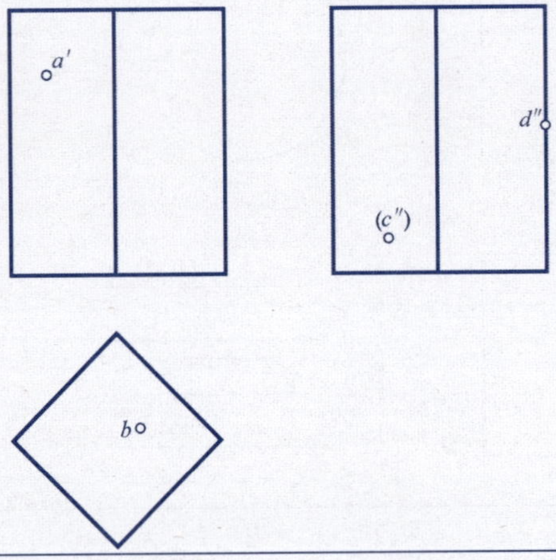

2.

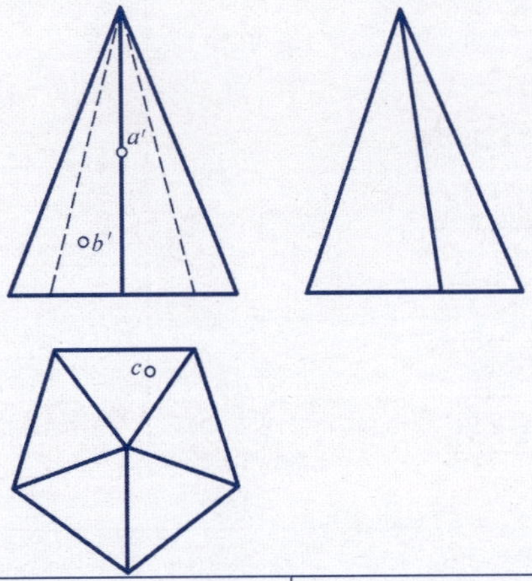

3.

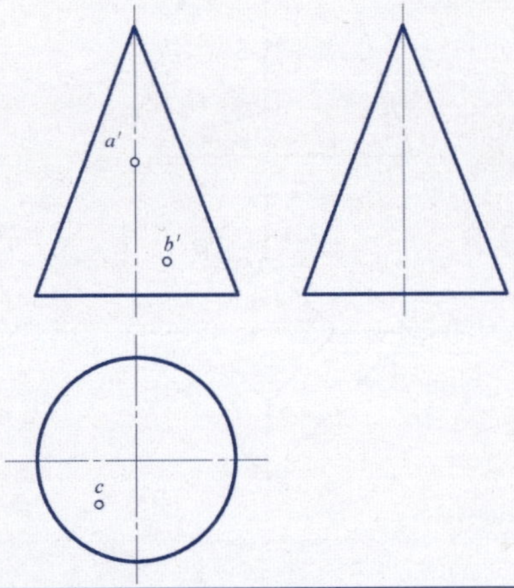

4.

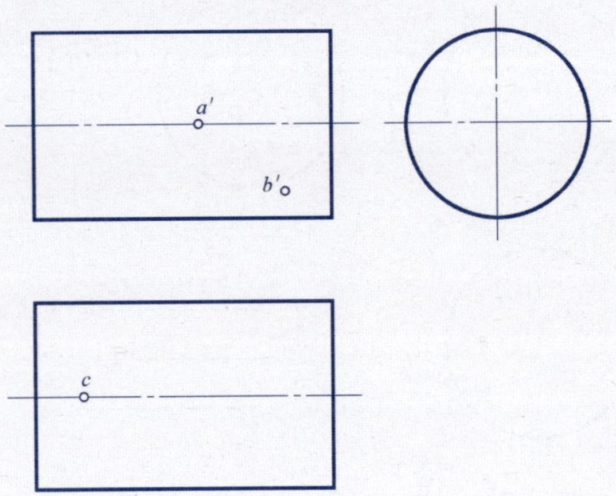

5.

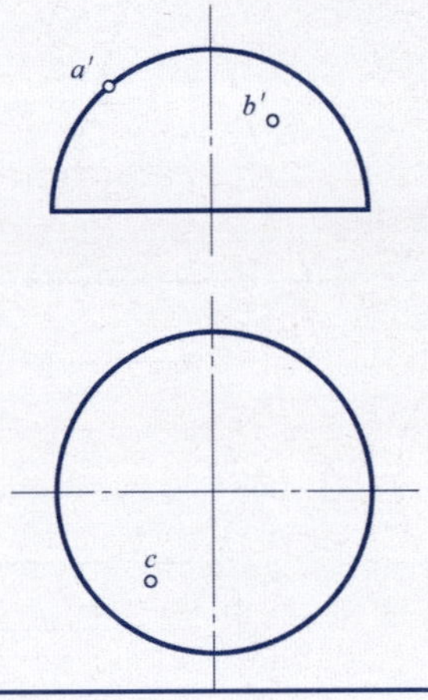

6-4　参照立体图，完成平面切割体的三面投影	班级		姓名		学号		页次	43

1.

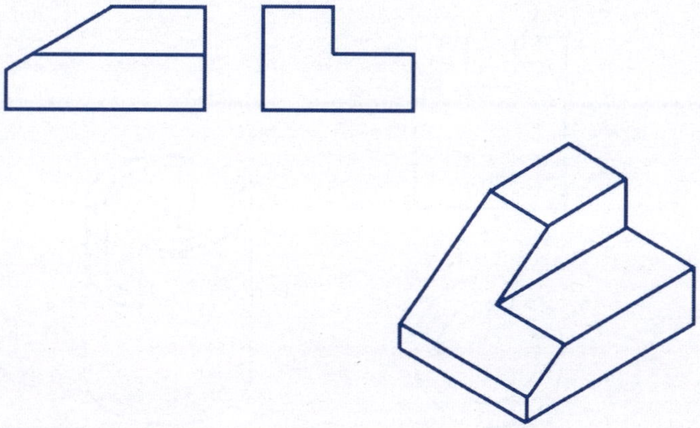

2.

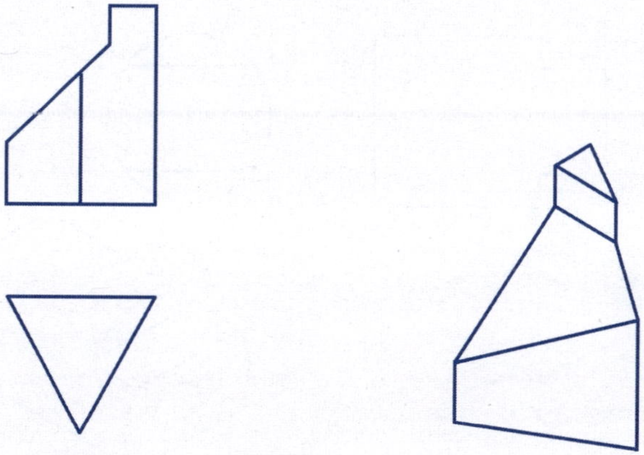

3.

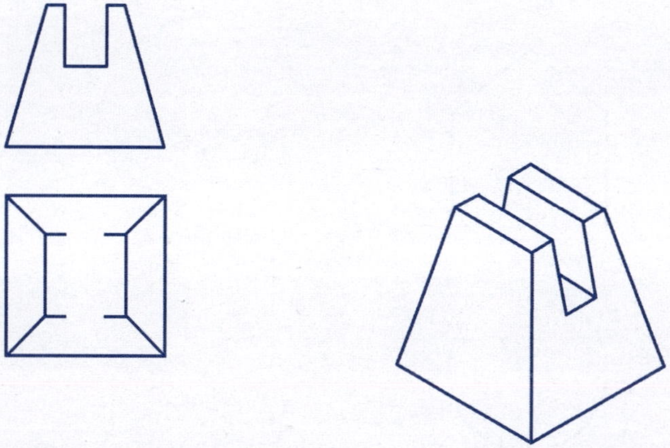

4.

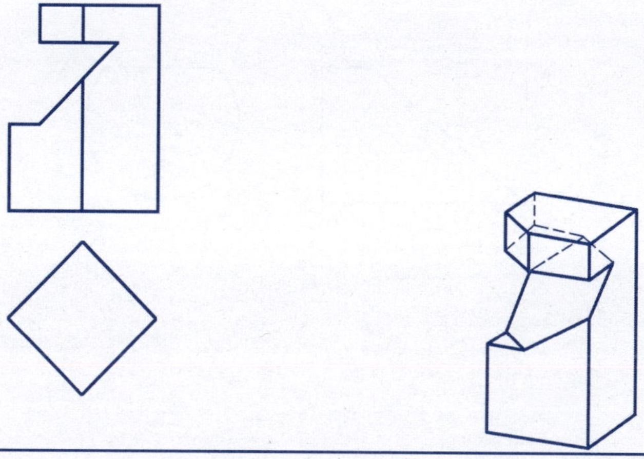

6-5 完成曲面切割体的三面投影(一)	班级		姓名		学号		页次	44

1.

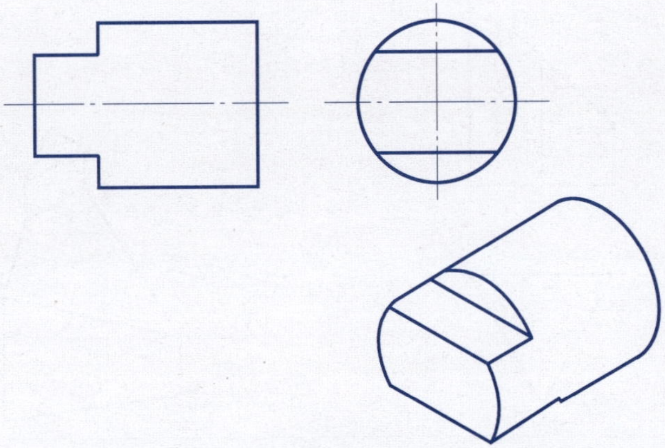

2.

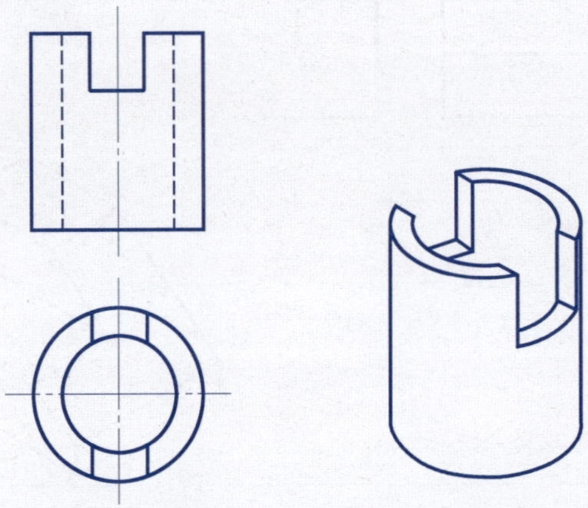

3.

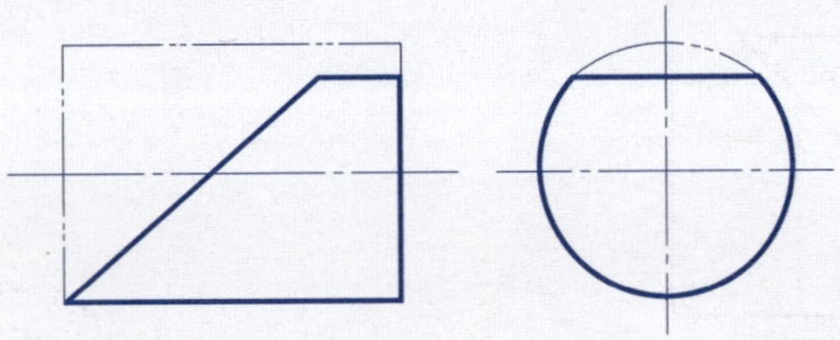

4.

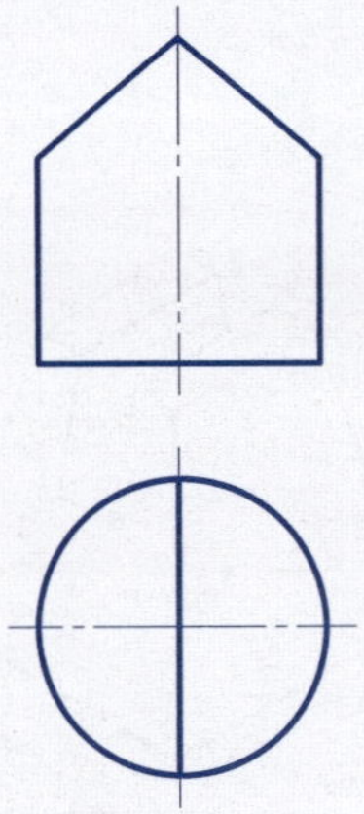

6-6 完成曲面切割体的三面投影(二)	班级		姓名		学号		页次	45

1.

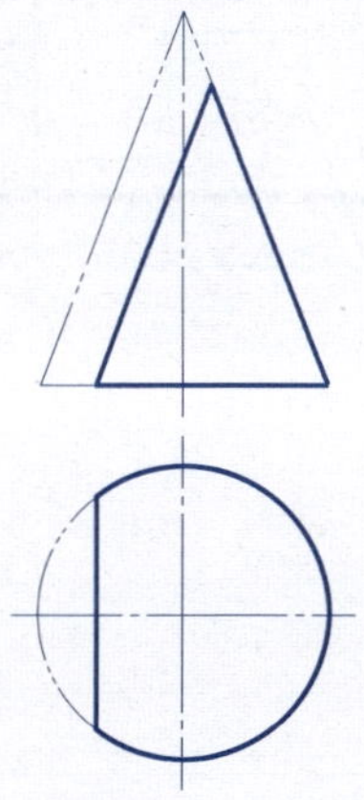

2.

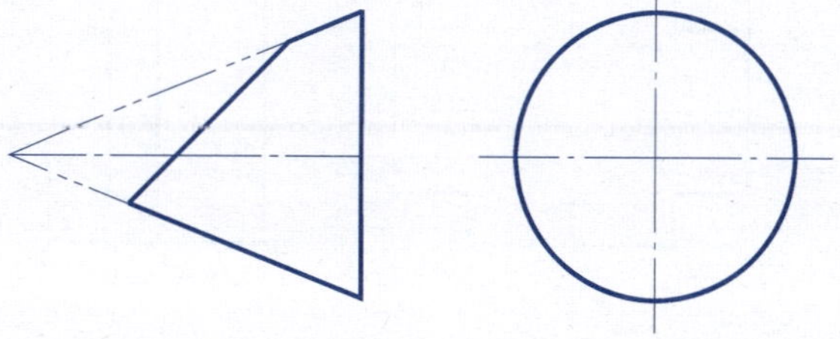

3.

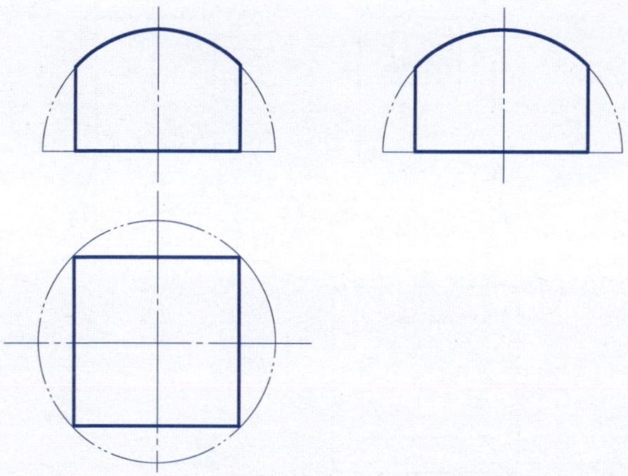

4.

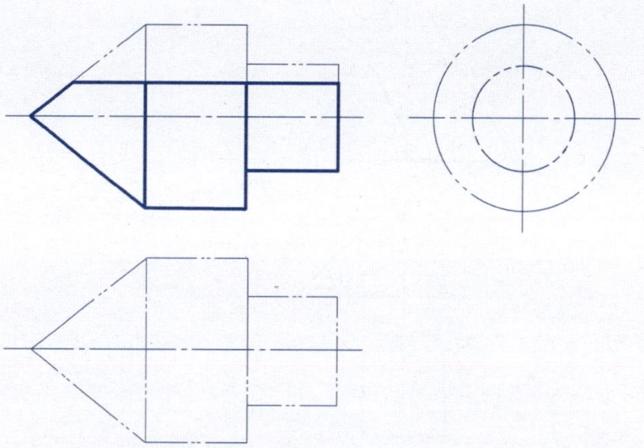

6-7 两平面体相交，求表面交线	班级		姓名		学号		页次	46

1.

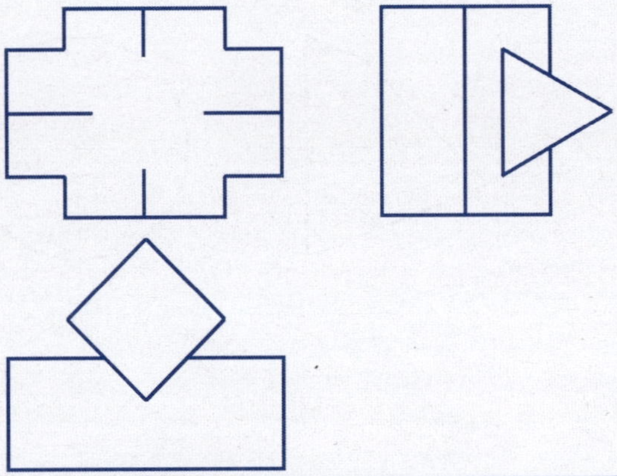

2.

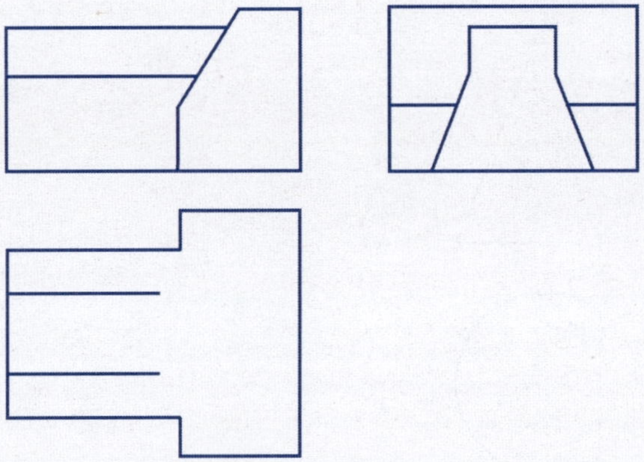

3.

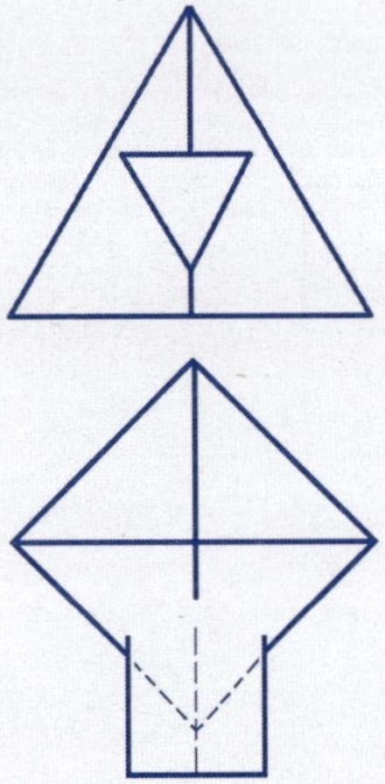

4.

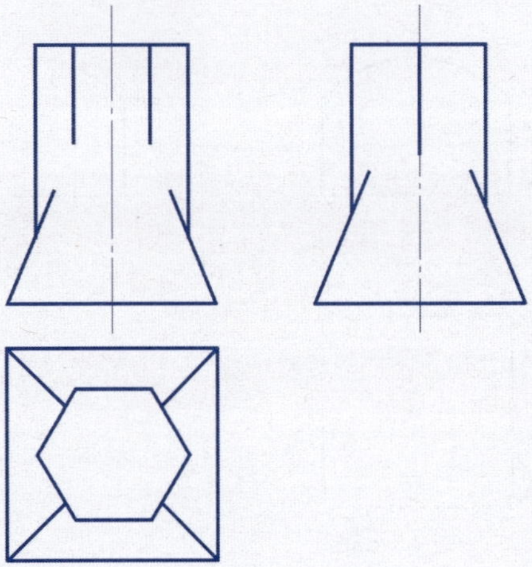

6-8　平面体与曲面体相交，求表面交线	班级		姓名		学号		页次	47

1.

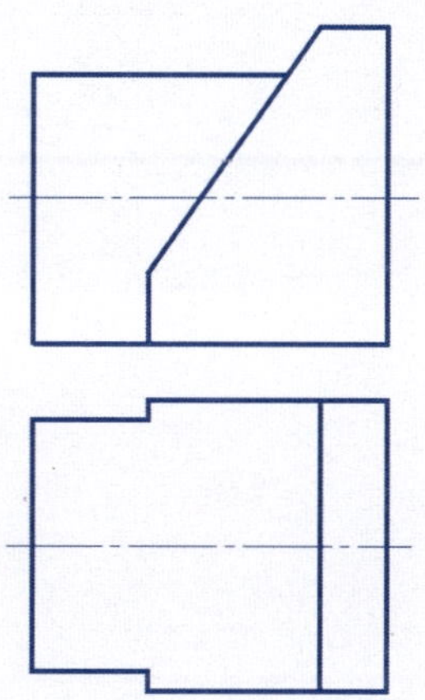

2.

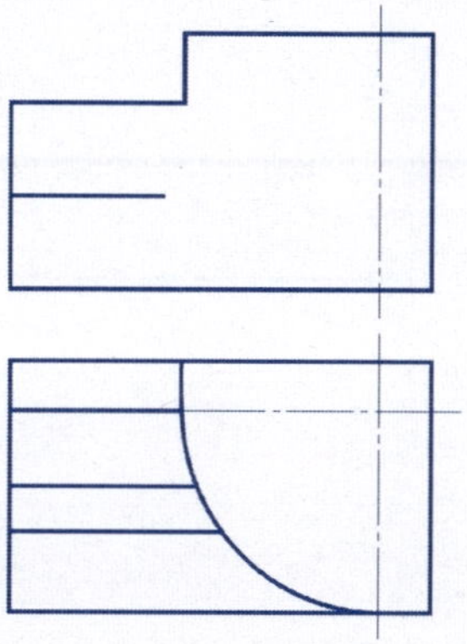

3.

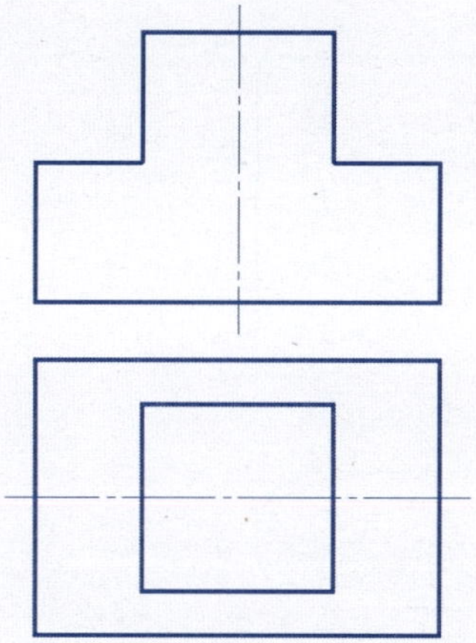

4.

6-9 两曲面体表面相交，求表面交线	班级		姓名		学号		页次	48

1.

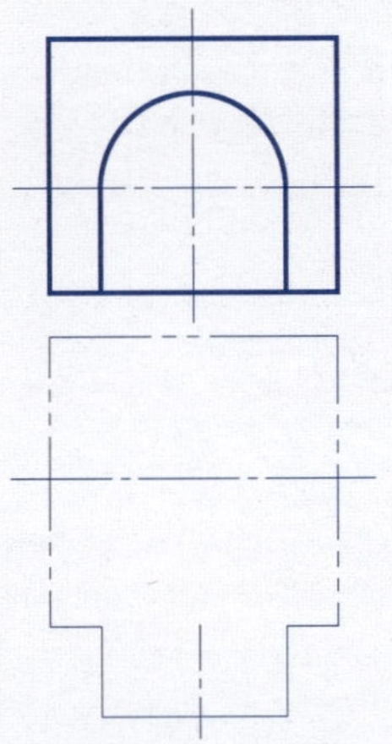

2.

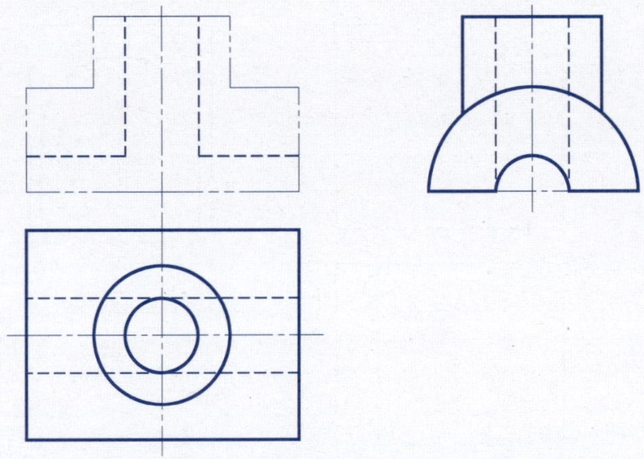

3.

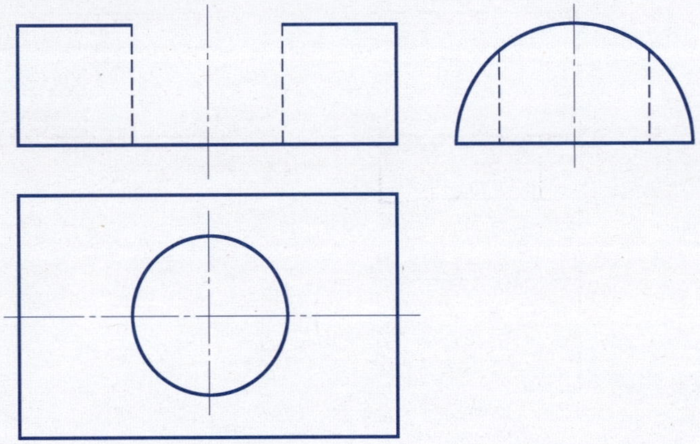

4.

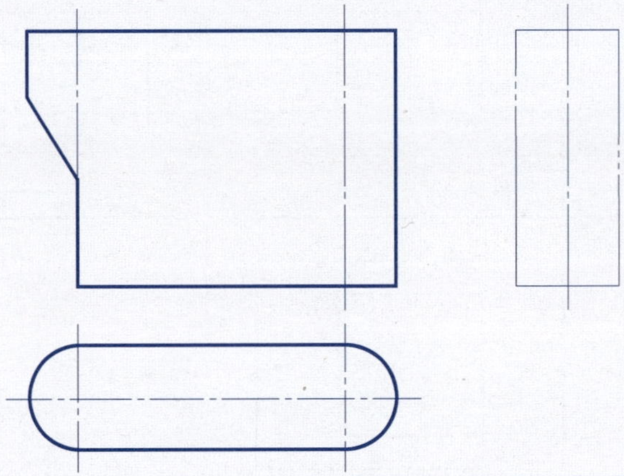

6-10 两曲面体相交，相贯线的特殊情况与简化画法	班级		姓名		学号		页次	49

1.

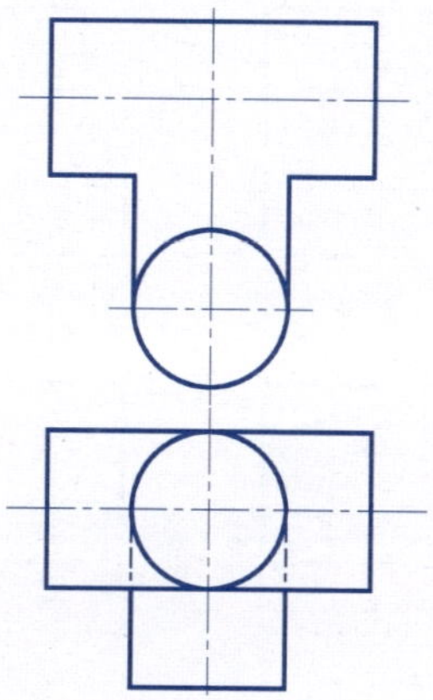

2.

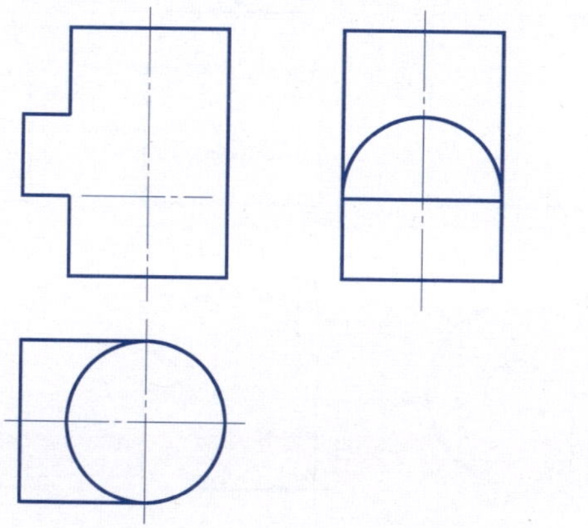

3.

4.

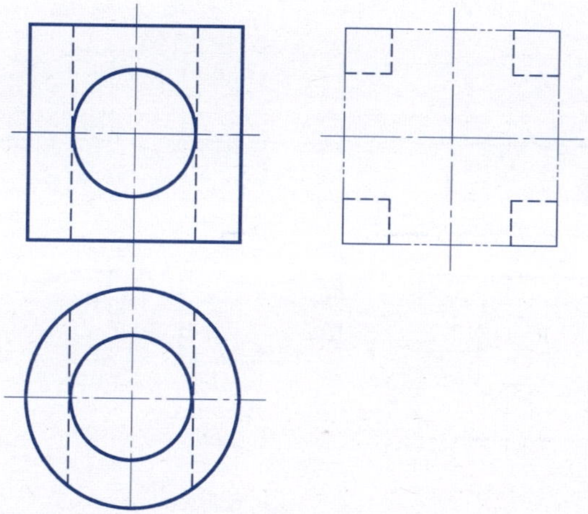

6-11　已知主、俯视图，选择正确的左视图在括号内画“√”	班级		姓名		学号		页次	50

1.

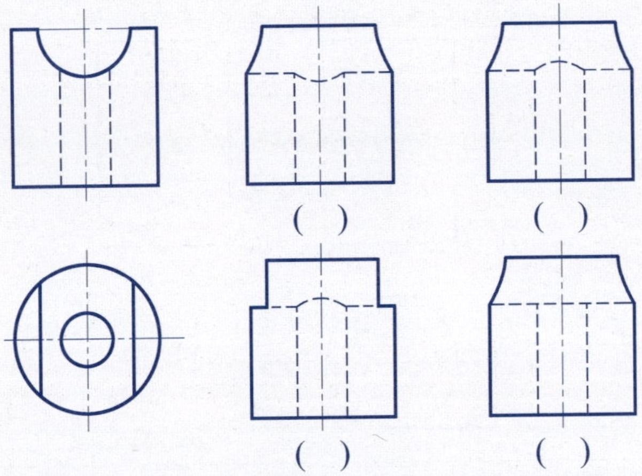

2.

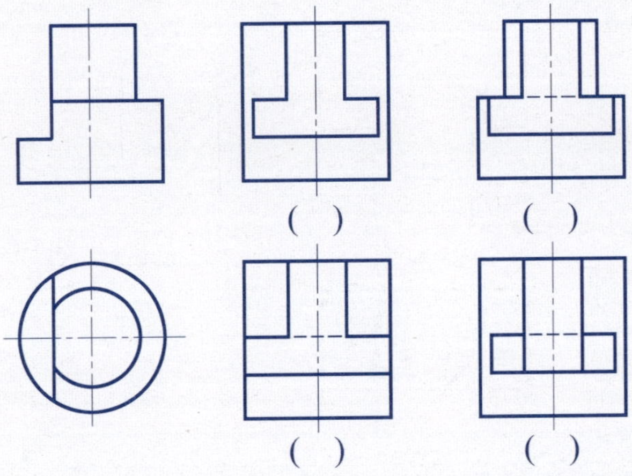

3.

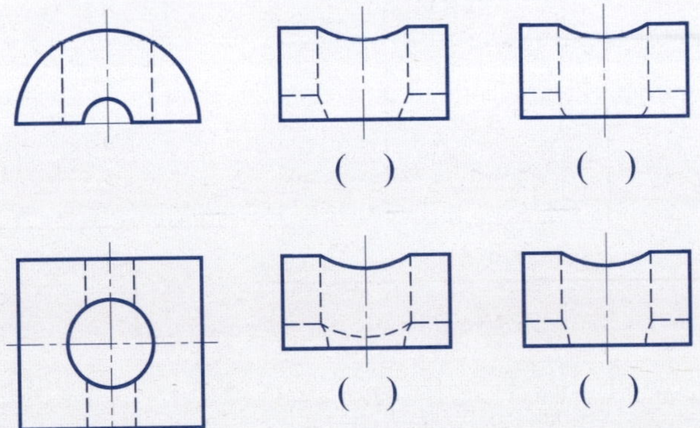

4.

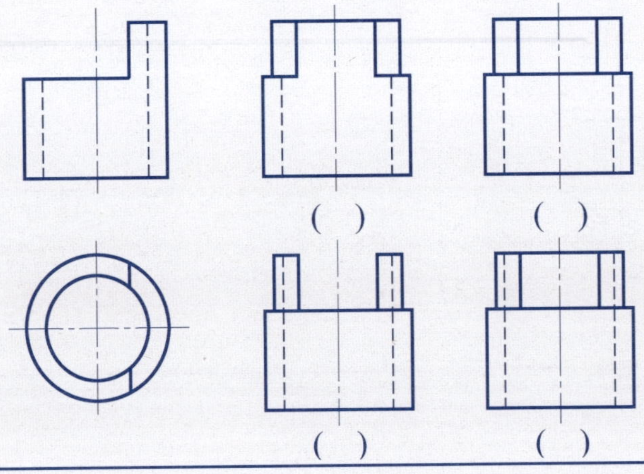

第七章　组合体

7-1　组合体视图知识填空	班级		姓名		学号		页次	51

1．组合体是由两个及两个以上__________所组成的立体。

2．组合体的组成形式有________、________、________、________、________等。

3．形体分析法是把一个组合体______为几个基本体，分析它们的_____及其________的方法；该方法是组合体视图中________、________和____________的重要方法。

4．用形体分析法画图的基本步骤是__________、__________、__________、__________。

5．基准线是画图和量取尺寸的起始线，基准线的选择：高低位置以____________为基准，对称物体以____________为基准，非对称物体以______________为基准。

6．组合体视图上标注尺寸的基本要求是________、________、________、________。

7．组合体的尺寸可以分为____________、____________、____________。

8．回转体的总体尺寸只注到______________，不需注到______________。

9．识读组合体视图的基本方法有____________和____________。

10．线面分析法是分析视图中的__________和__________的含义，判断组成形体的各表面的__________和空间位置，从而综合形体的空间形状。

7-2 补画视图中所缺的图线	班级		姓名		学号		页次	52

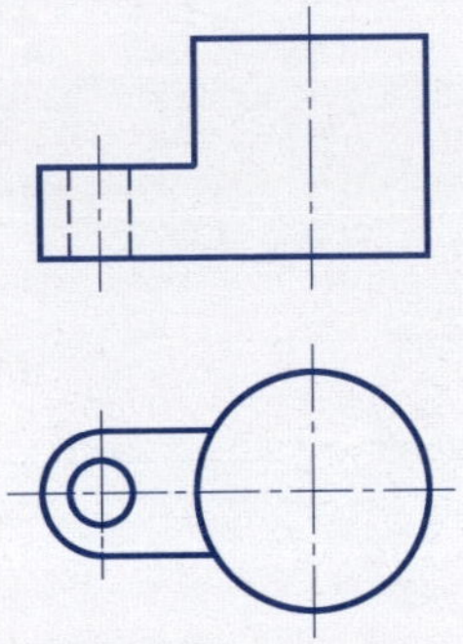

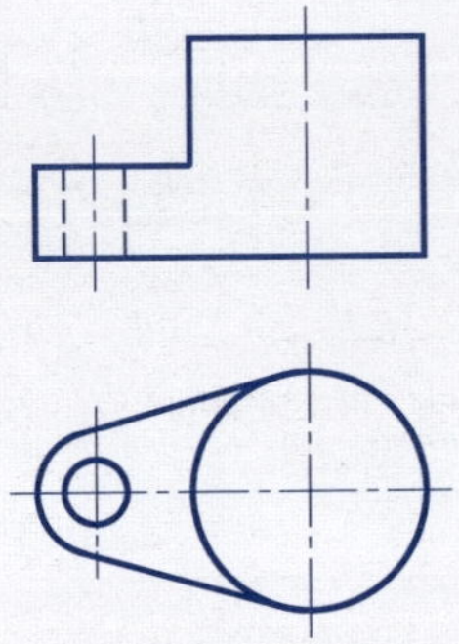

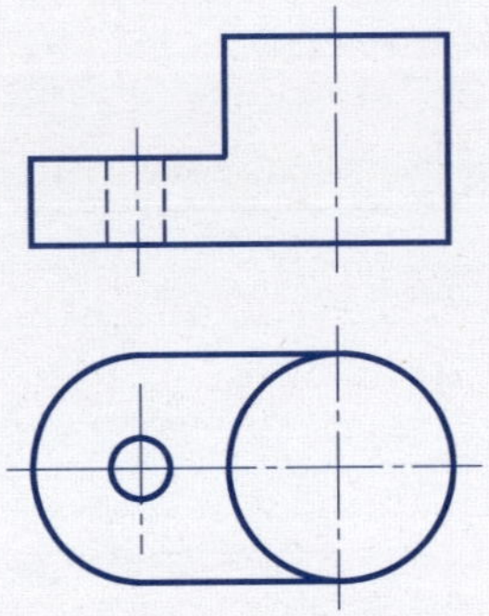

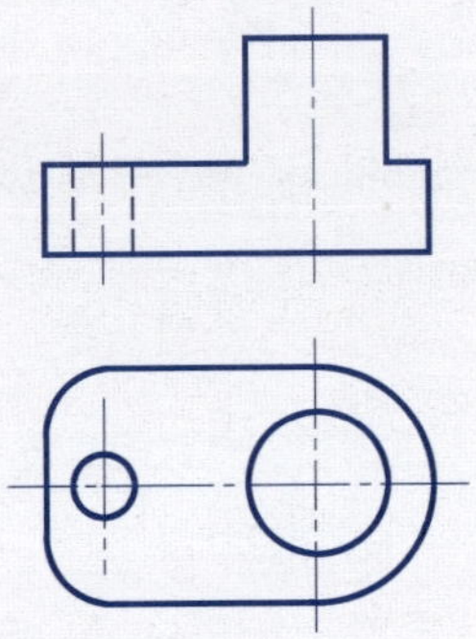

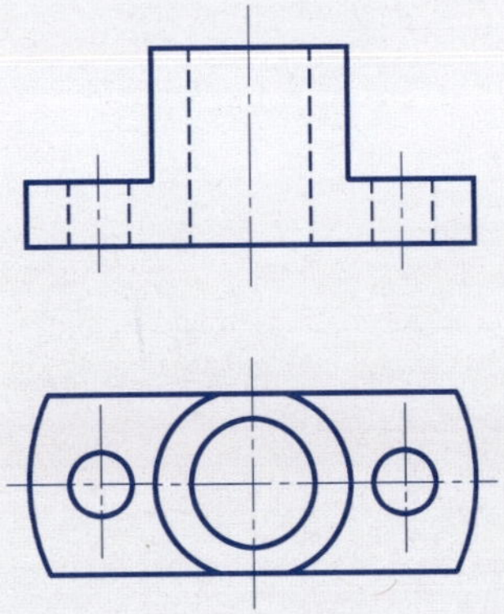

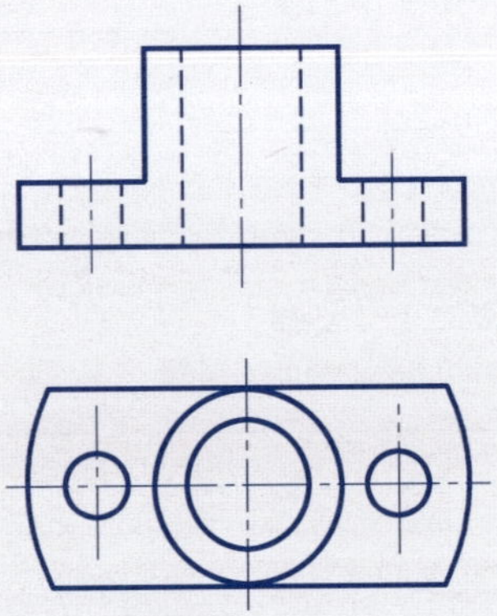

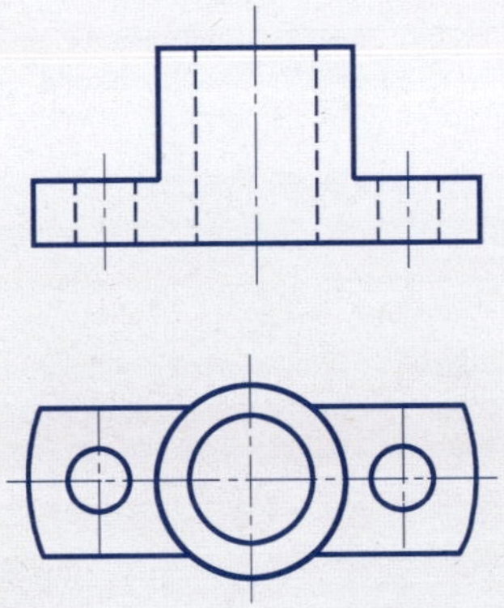

7-3　根据轴测图画三视图(一)	班级		姓名		学号		页次	53

1.

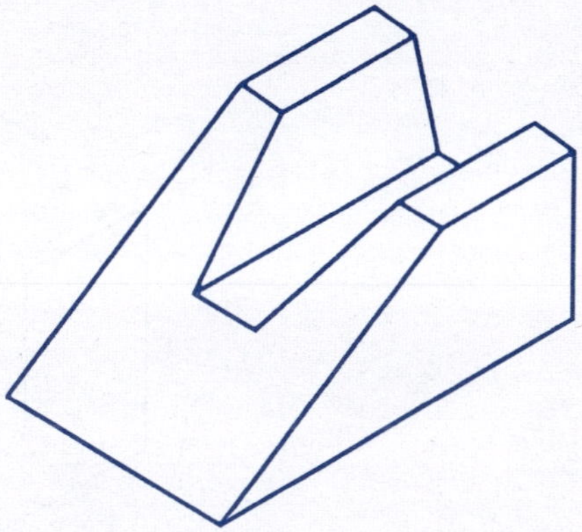

2.

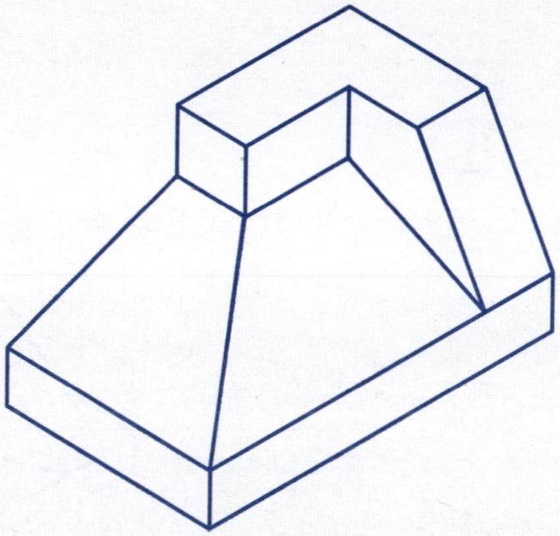

7-4 根据轴测图画三视图(二)	班级		姓名		学号		页次	54

1.

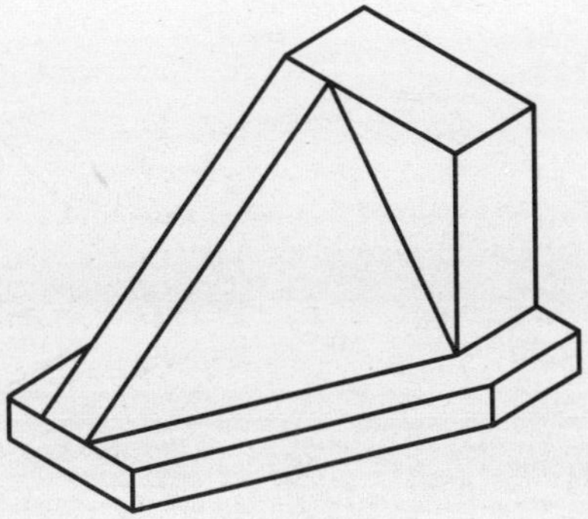

2.

7-5 根据轴测图画三视图(三)	班级		姓名		学号		页次	55

1.

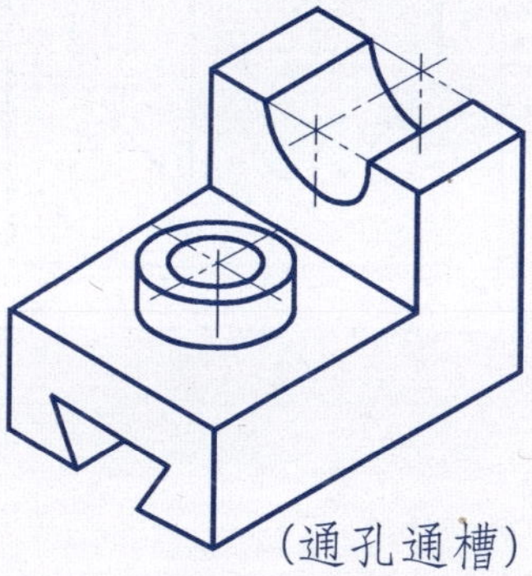

(通孔通槽)

2.

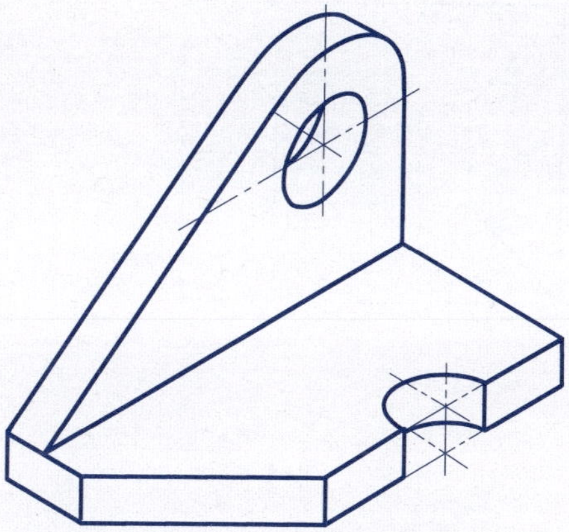

7-6 读视图，标尺寸(数值从图中量取，取整)(一)	班级		姓名		学号		页次	56

1. 比例1：1

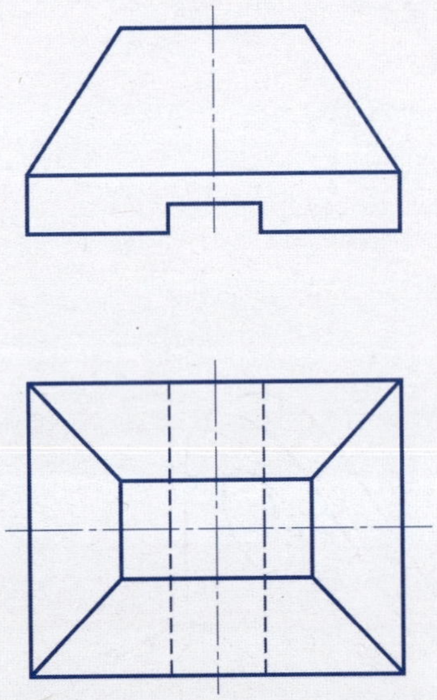

2. 比例1：2

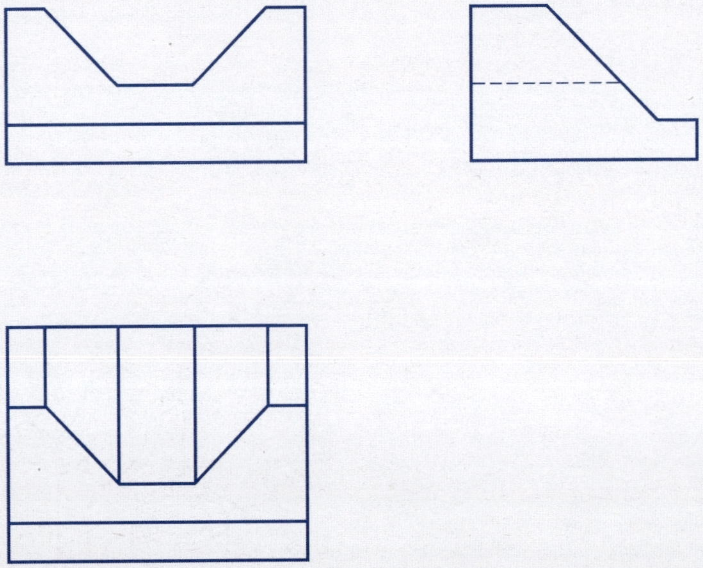

7-7 读视图，标尺寸(数值从图中量取，取整)(二)	班级		姓名		学号		页次	57

1. 比例 1：5

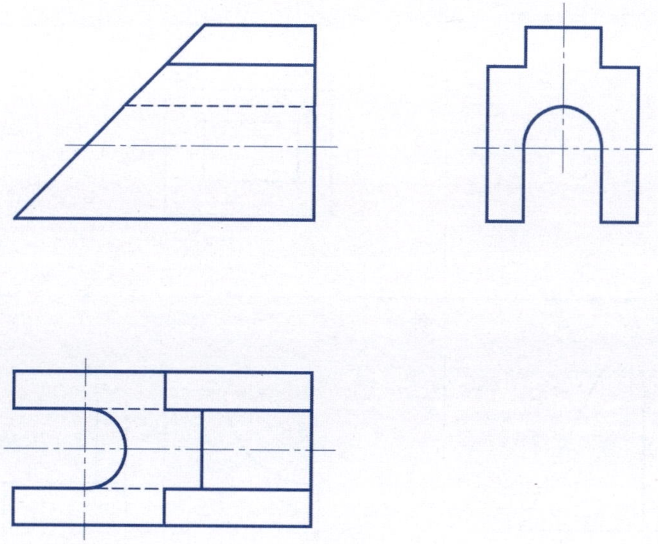

2. 比例 1：10

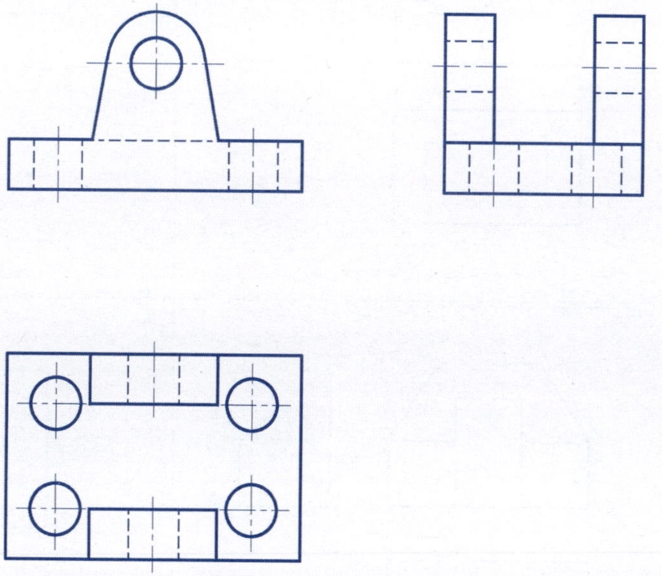

7-8 读视图，想立体，补漏线（一）	班级		姓名		学号		页次	58

1.

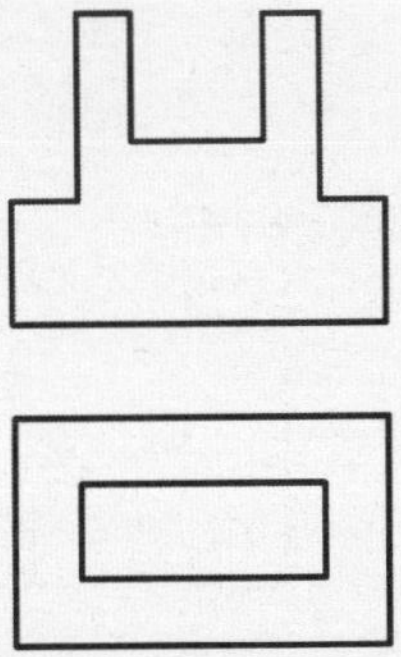

2.

3.

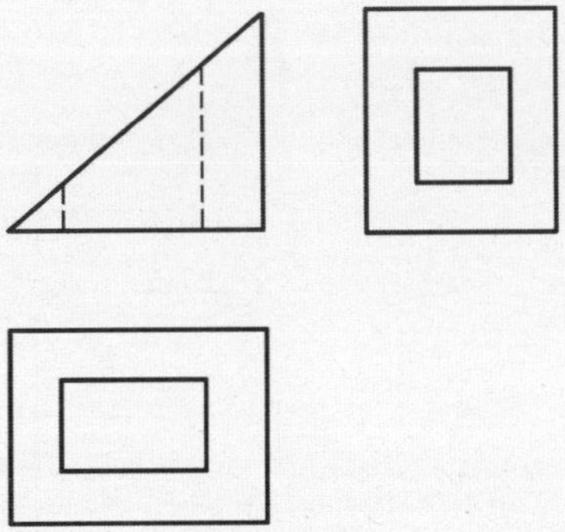

4.

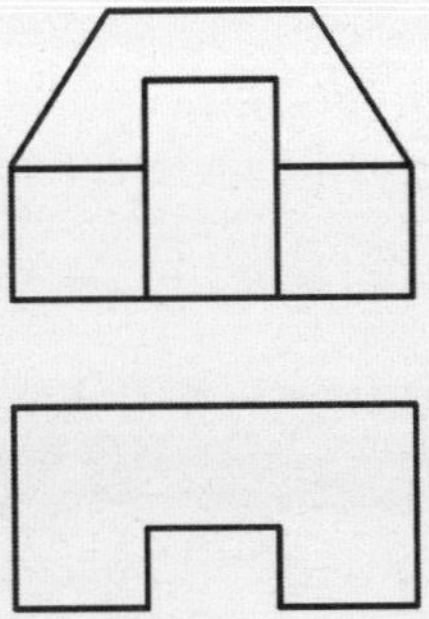

5.

6.

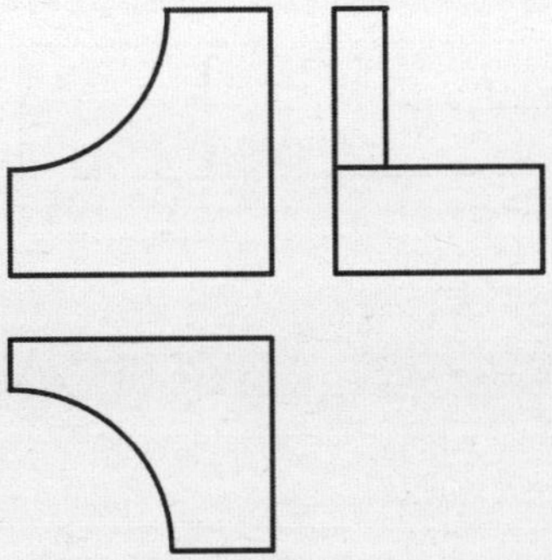

7-9 读视图，想立体，补漏线（二）	班级		姓名		学号		页次	59

1.

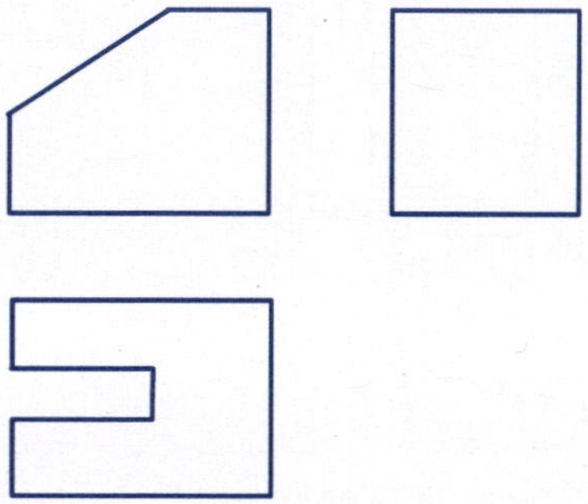

2.

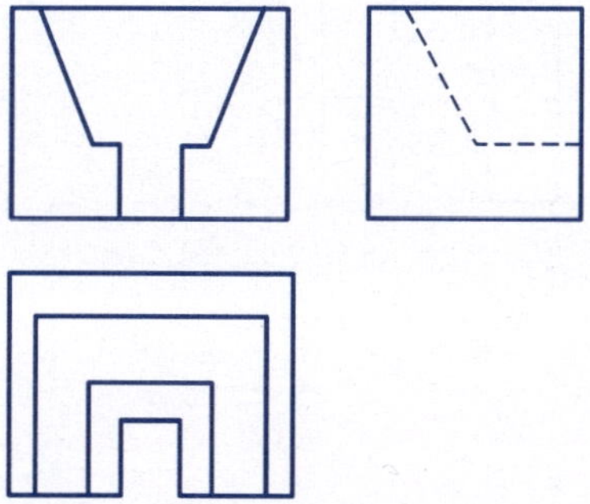

3.

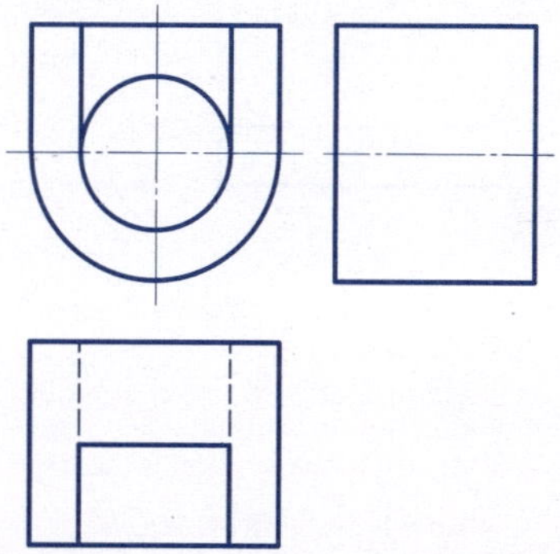

4.

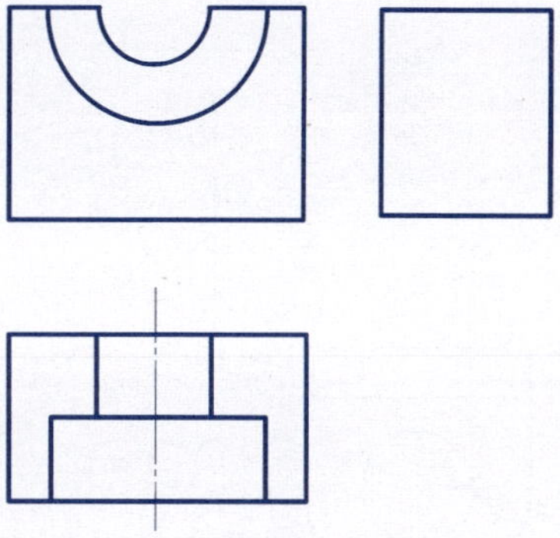

5.

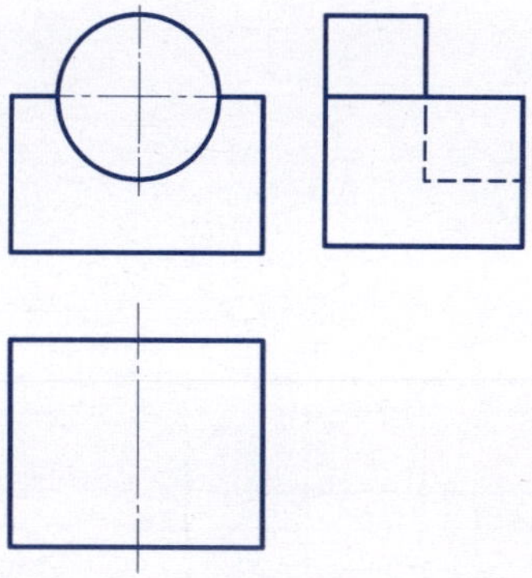

6.

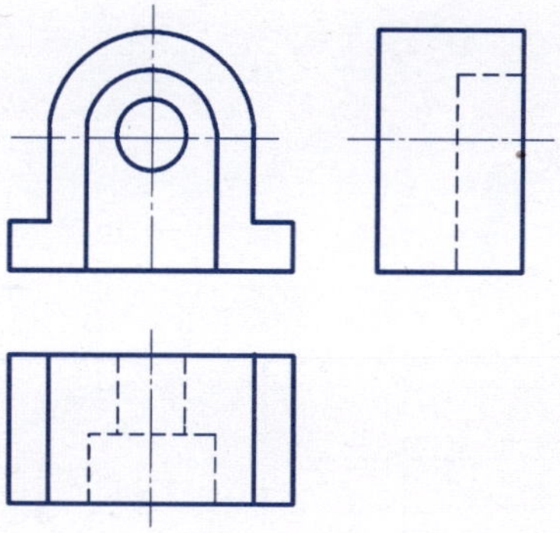

7-10 根据一面视图构形立体完成两视图	班级		姓名		学号		页次	60

1.

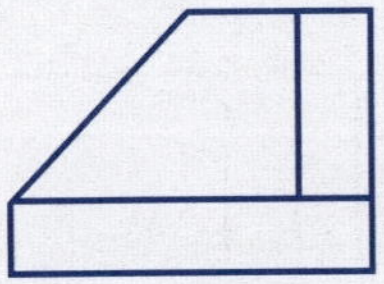

2.

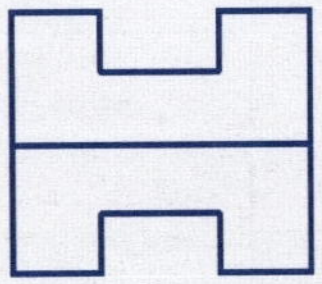

3.

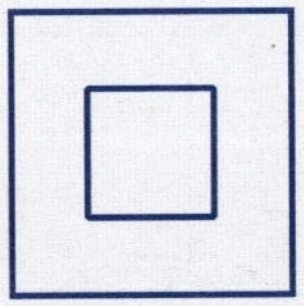

4.

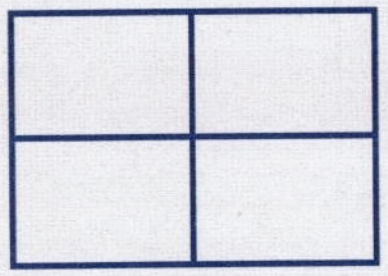

5.

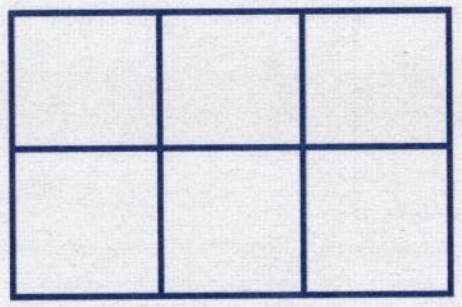

6.

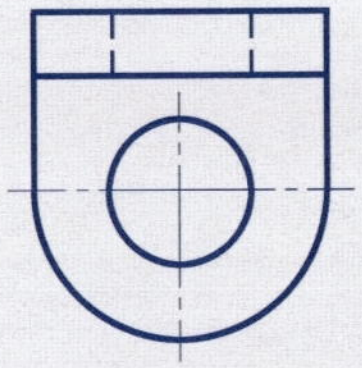

7-11 根据两视图补第三视图(一)	班级		姓名		学号		页次	61

1.

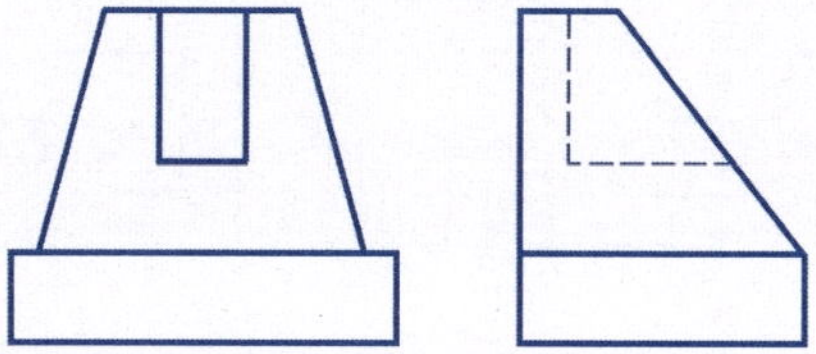

2.

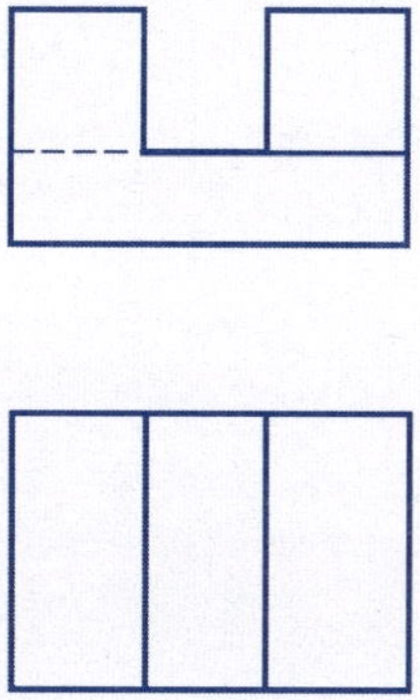

3.

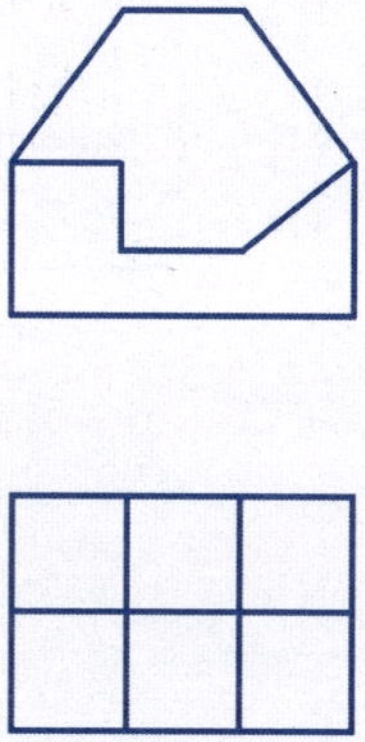

4.

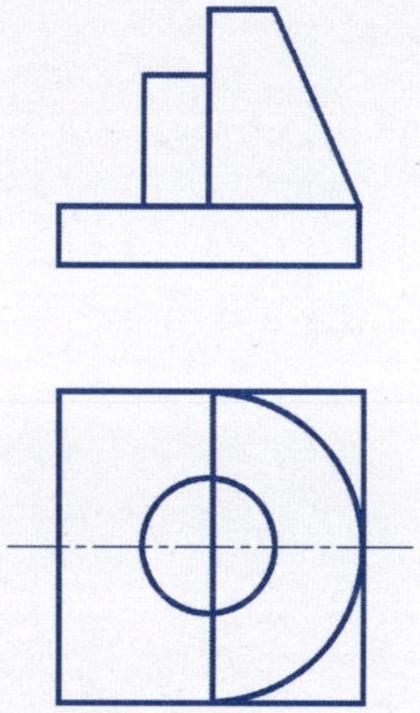

5.

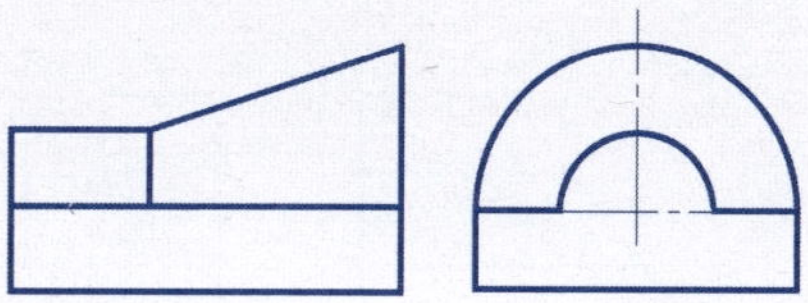

6.

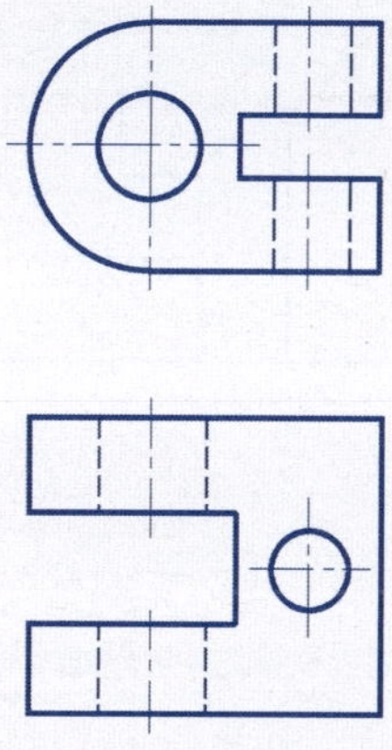

7-12 根据两视图补第三视图(二)	班级		姓名		学号		页次	62

1.

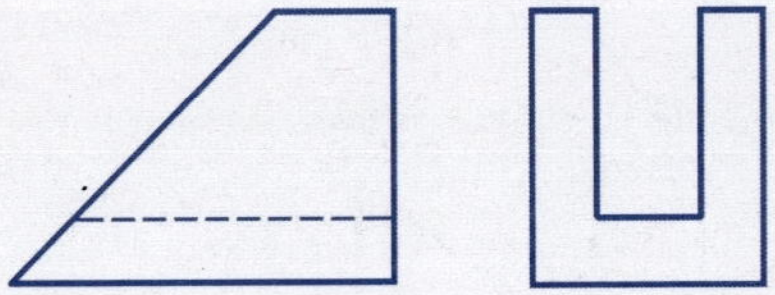

2.

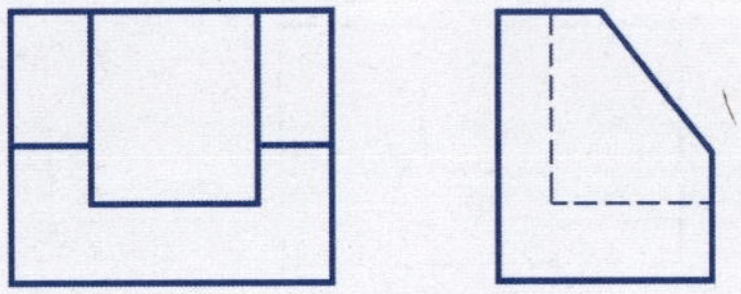

3.

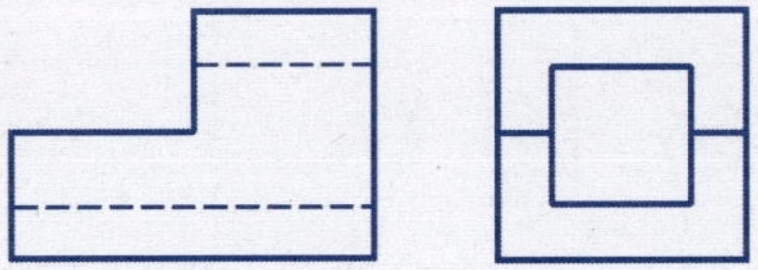

4.

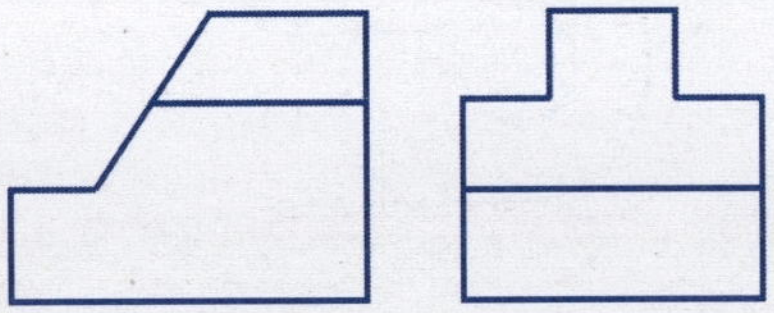

5.

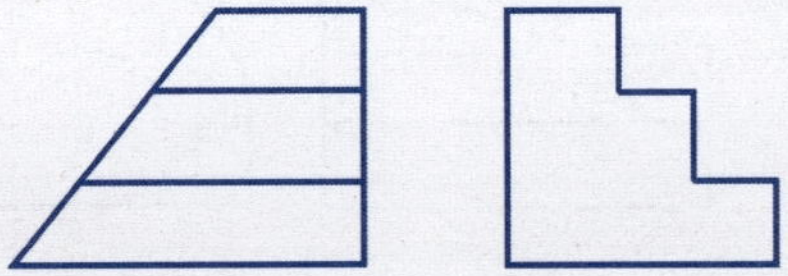

6.

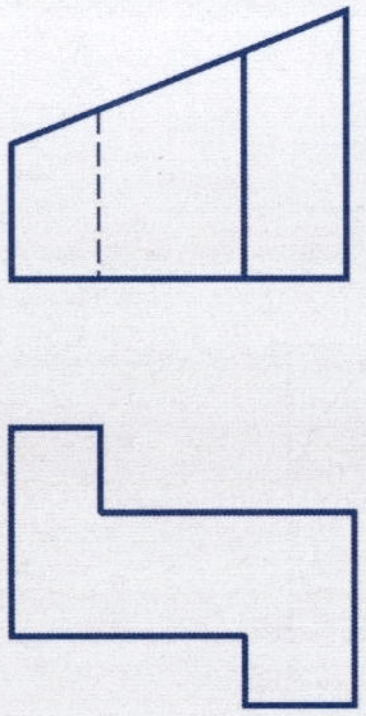

7-13 根据两视图补第三视图(三)	班级		姓名		学号		页次	63

1.

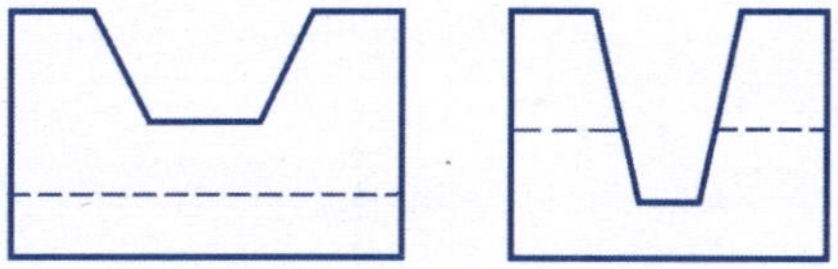

2.

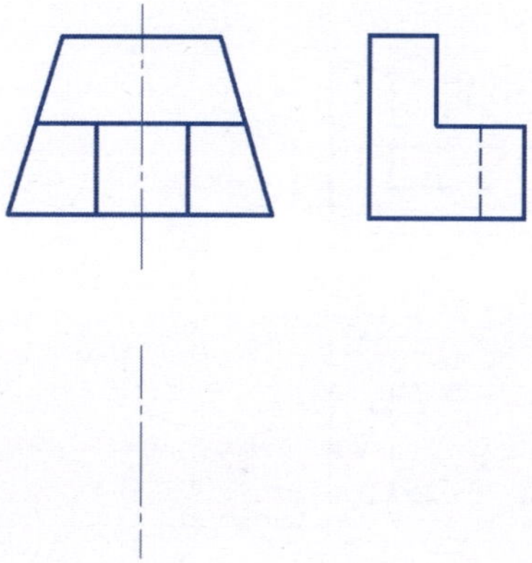

3.

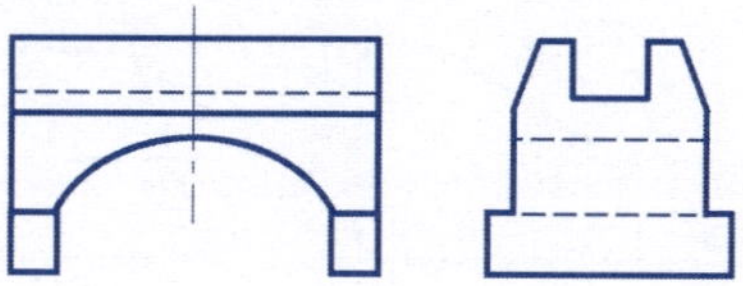

4.

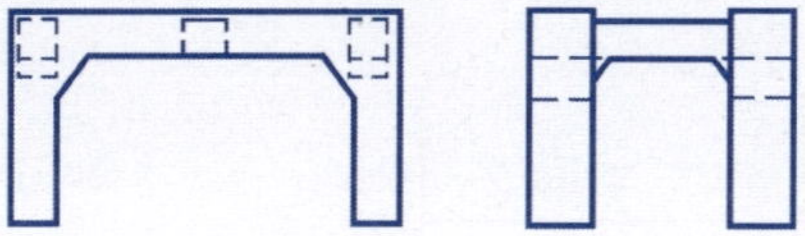

5.

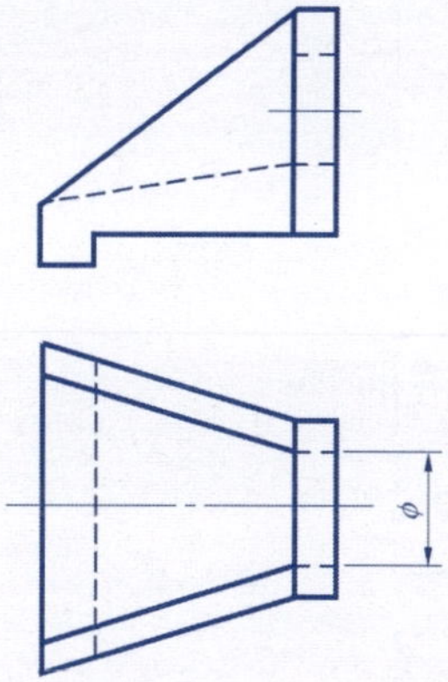

6.

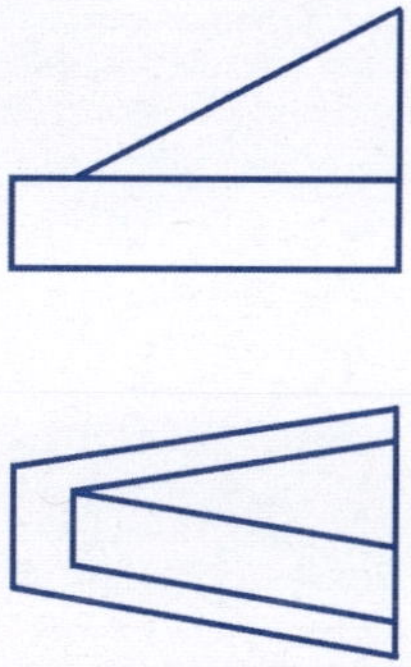

7-14　根据两视图补第三视图(四)	班级		姓名		学号		页次	64

1.

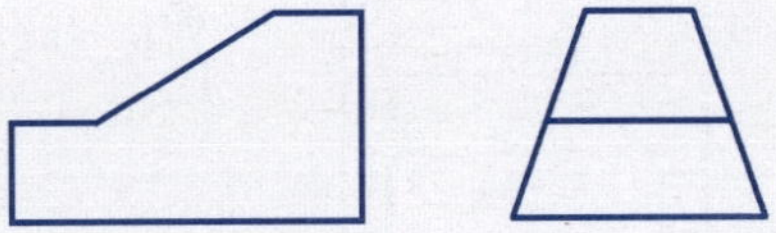

2.

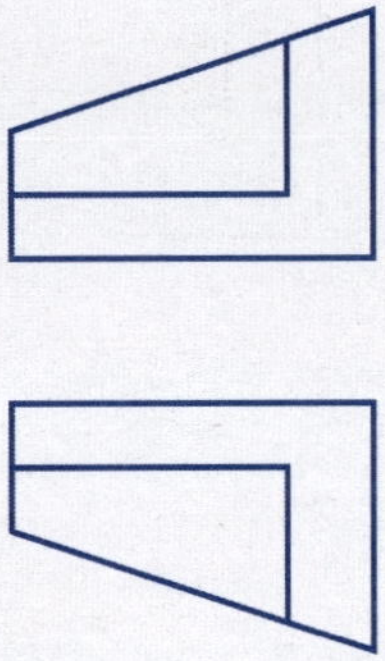

3.

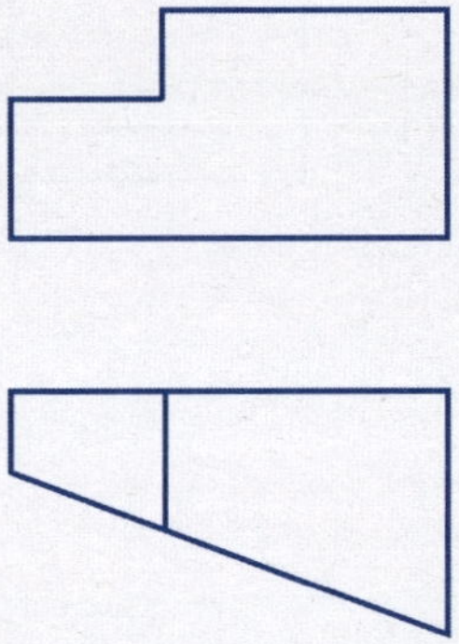

4.

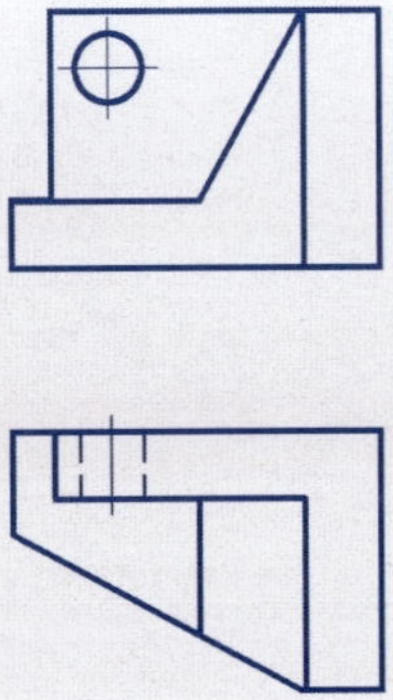

5.

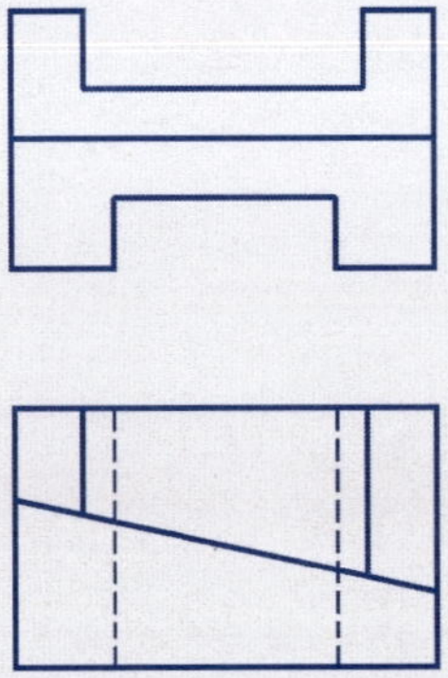

6.

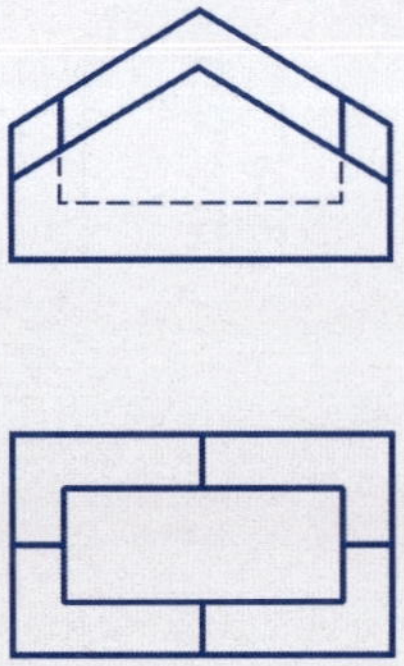

7-15　组合体大作业(一)	班级		姓名		学号		页次	65

图名：组合体视图

比例：1∶50

图幅：A3

单位：cm

要求：画三视图，并标注尺寸

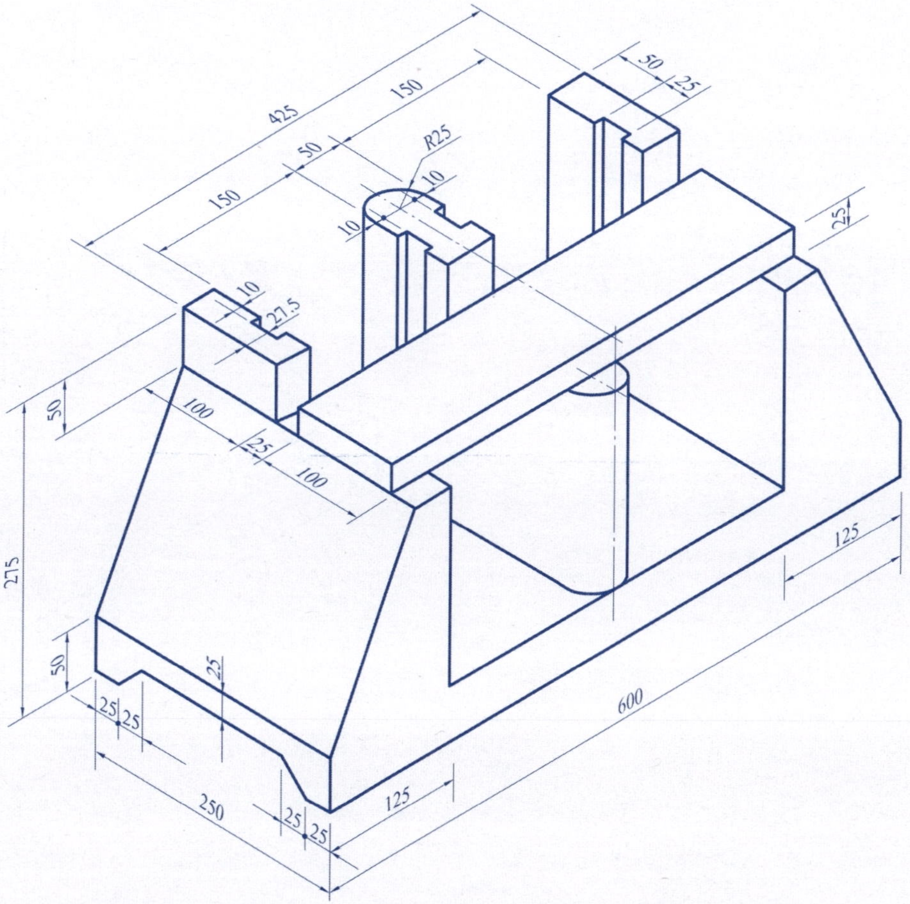

7-16　组合体大作业(二)	班级		姓名		学号		页次	66

图名：组合体视图

比例：1∶100

图幅：A3

单位：cm

要求：根据涵洞进水口轴测图画三视图，并标注尺寸（俯视图采用省略画法，只画一半）

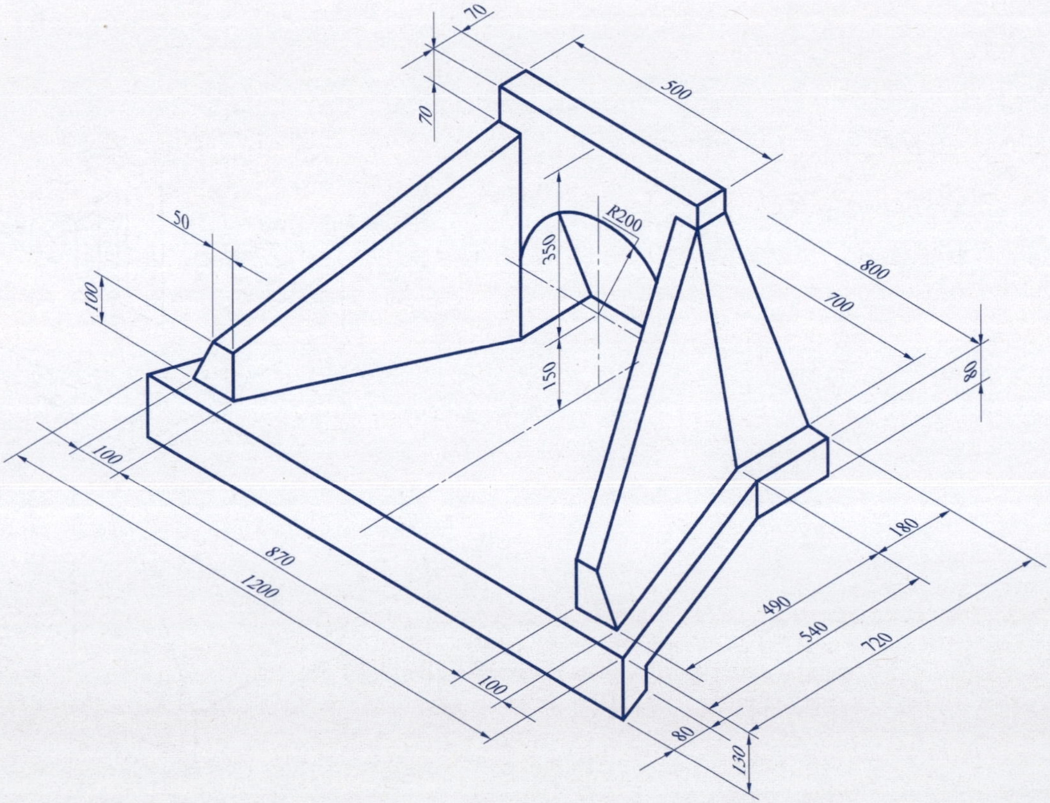

第八章 图样画法

8-1 图样画法知识填空	班级		姓名		学号		页次	67

1．常见的视图有__________、__________、__________和__________。

2．六个基本视图分别为________、________、________、________、________、________。

3．剖视图是假想用__________剖开物体，将__________和__________之间的部分移去，而将其余部分向__________投影所得到的图形。

4．剖视图按剖切范围分为__________、__________、__________三类。

5．根据剖切平面的数量和相互关系，剖切方法分为__________、__________、__________三种。

6．画剖视图的步骤是：先确定__________，后画__________，再画__________。

7．剖视图标注时应注明__________、__________、__________。

8．半剖视图中的半个视图与半个剖视之间以__________线为分界；局部剖视图中的视图与剖视部分以__________线为分界。

9．断面图与剖视图的区别是____________________。

10．根据断面图的配置，可分为__________和__________两种。

8-2 视图	班级		姓名		学号		页次	68

1．看懂三面视图，补全六面视图。

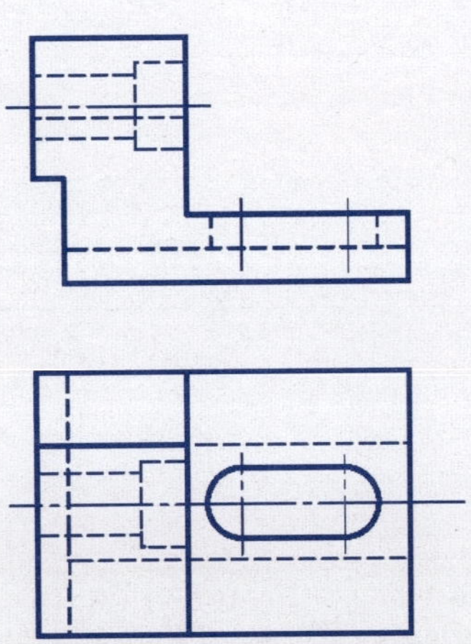

2．画出指定投射方向的斜视图。

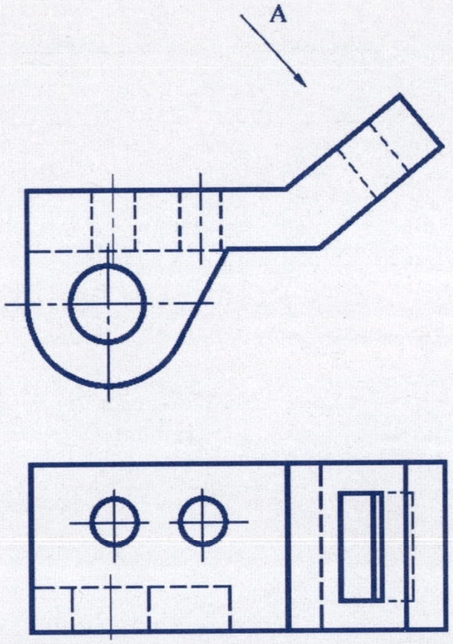

8-3 剖视图的概念与画法(一)	班级		姓名		学号		页次	69

补画剖视图中所缺的图线。

(1)

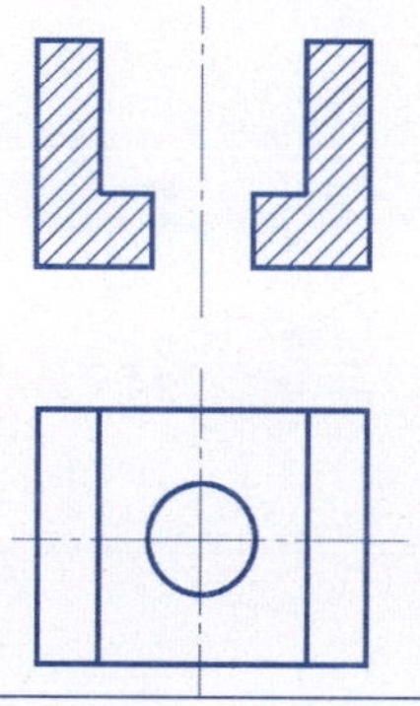

(2)

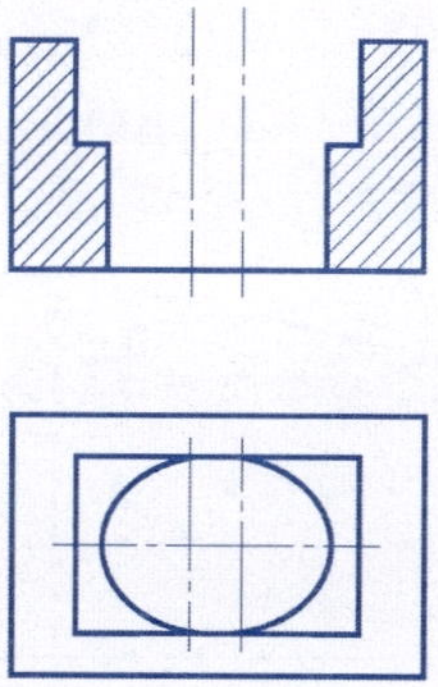

(3)

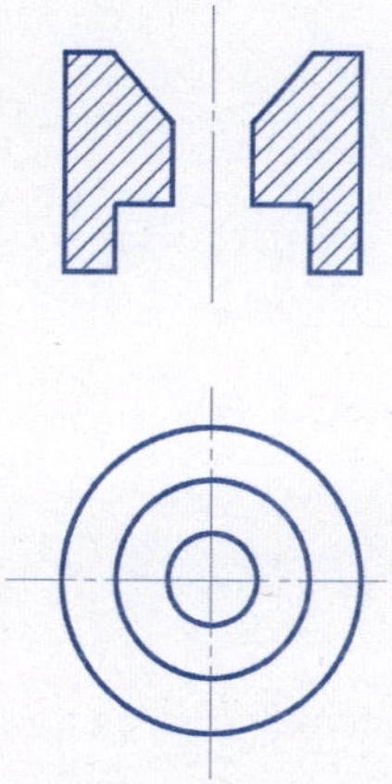

(4)

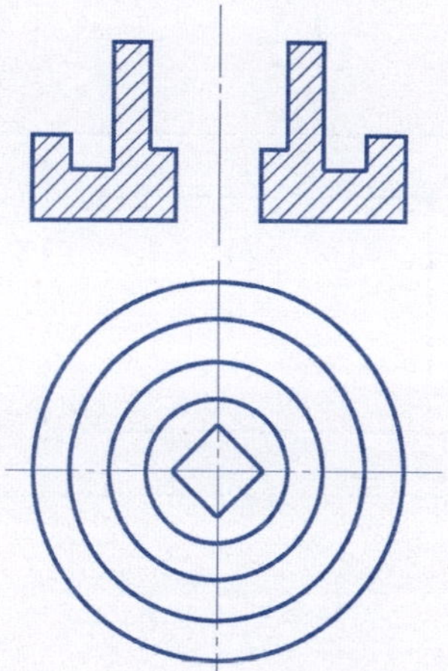

(5)

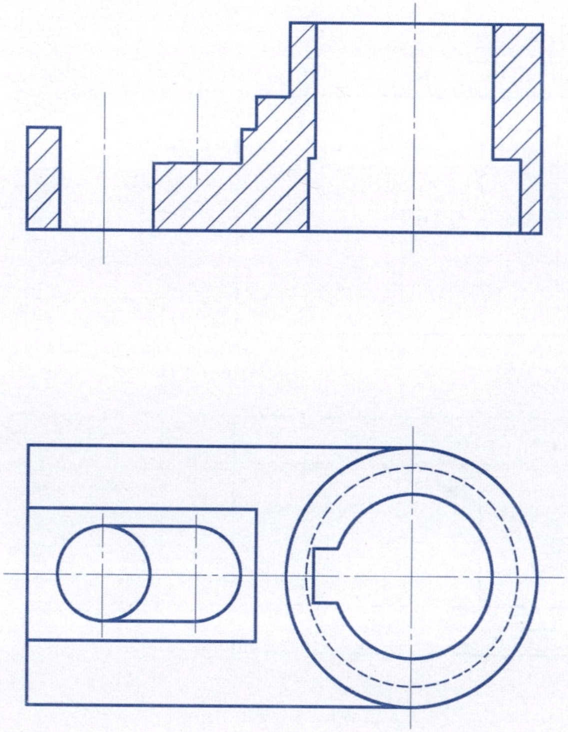

8-4 剖视图的概念与画法(二)	班级		姓名		学号		页次	70

1. 把涵洞主视图改为剖视图，并补绘左视图。(材料：混凝土)

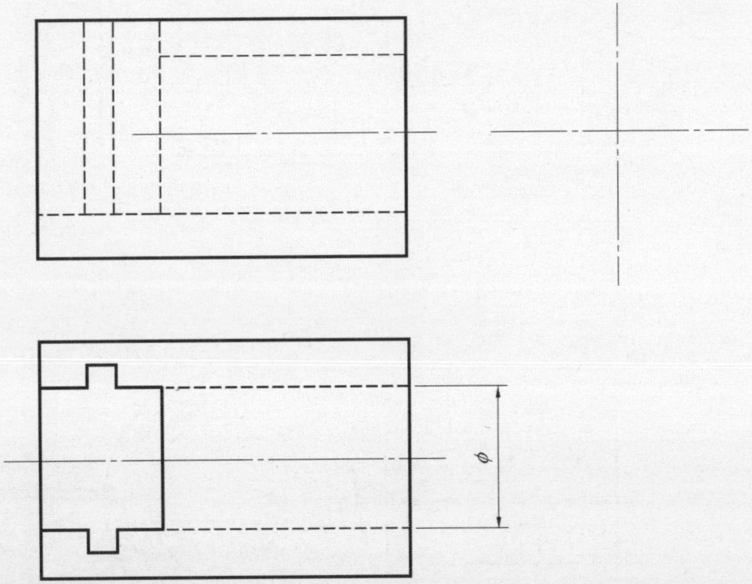

2. 将主视图改为全剖视图，补画 A—A 剖视图。(材料：混凝土)

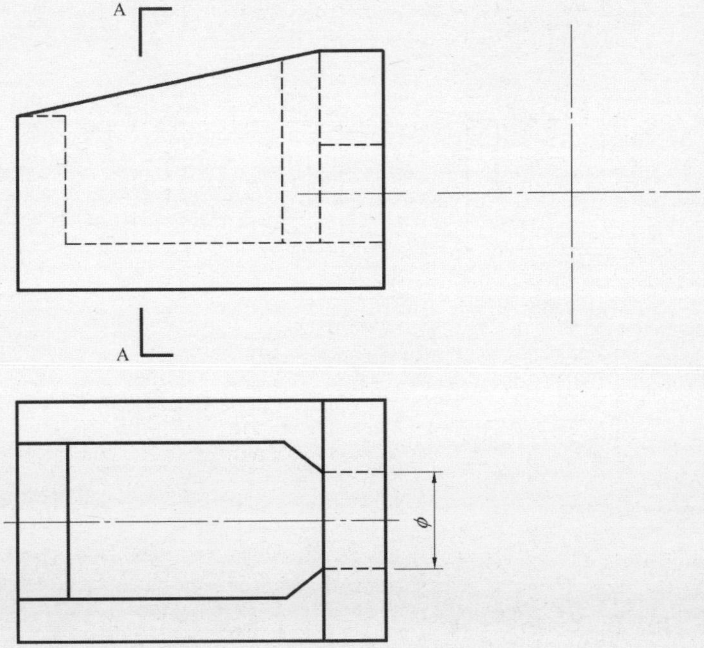

8-5 全剖视图	班级		姓名		学号		页次	71

1. 将主视图改为全剖视图，并画出 1—1 剖视图。(材料：混凝土)

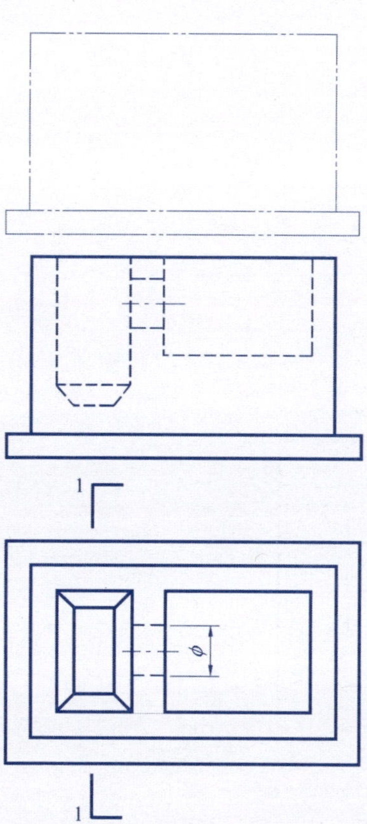

2. 在图中的适当位置画出 1—1 全剖视图。(材料：金属)

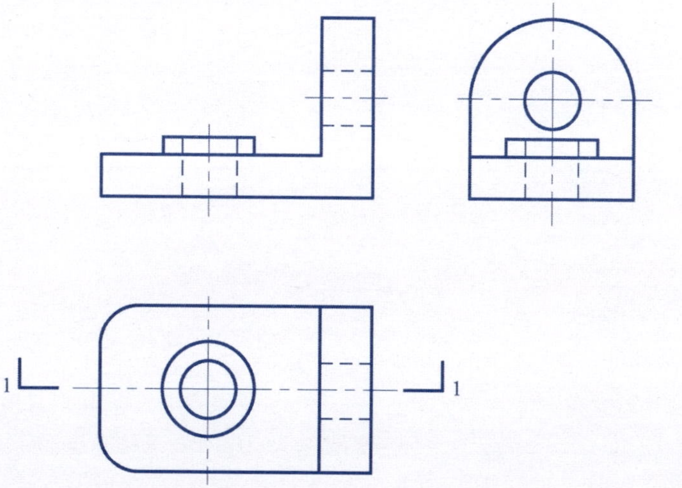

8-6 半剖视图	班级		姓名		学号		页次	72

1. 在空白处画出主视与左视的半剖视图。(材料：混凝土)

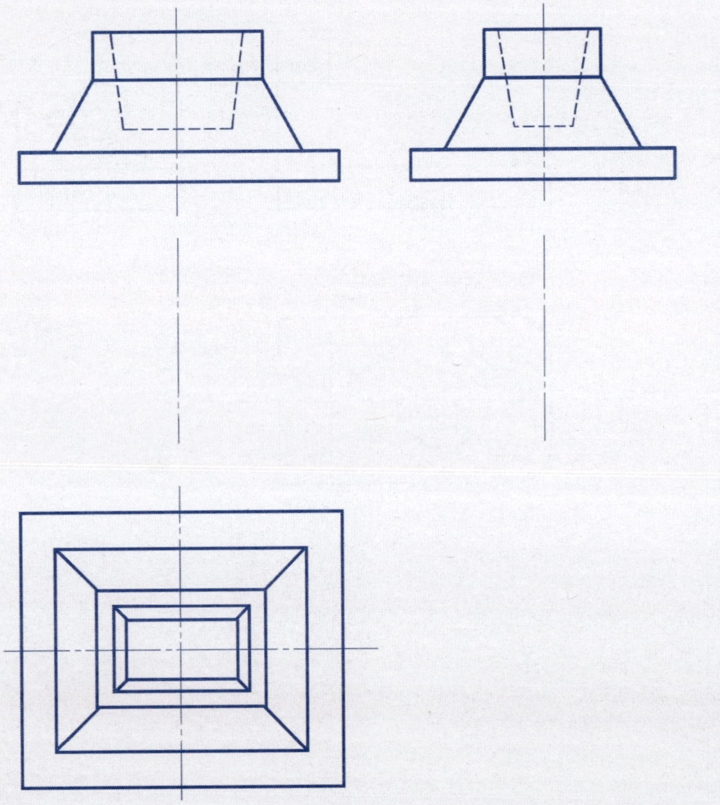

2. 已知半剖的主视图和俯视图，补画左视图为半剖视图。

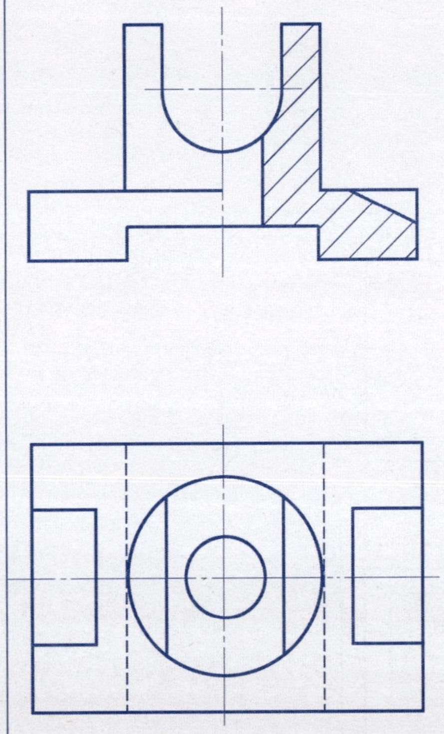

8-7　局部剖视图	班级		姓名		学号		页次	73

1．将主视图和俯视图改为局部剖视图。

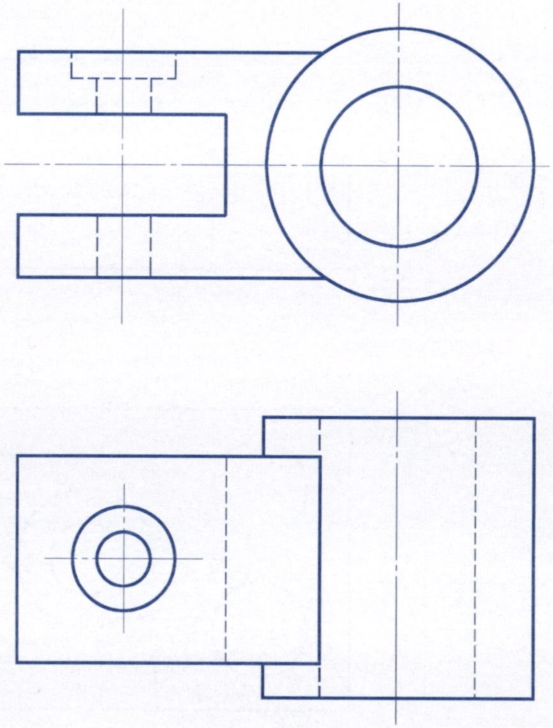

2．改正局部剖视图中的错误。

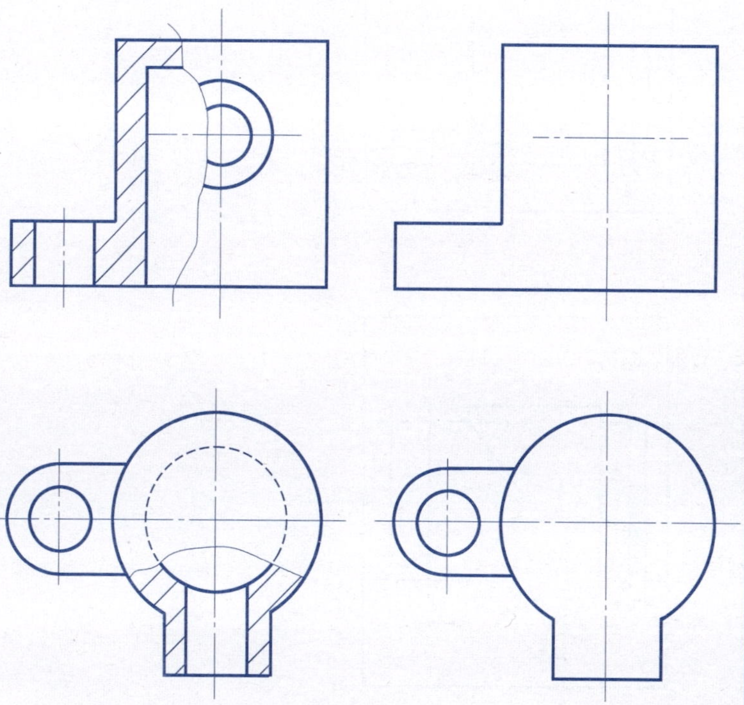

8-8 阶梯剖视图	班级		姓名		学号		页次	74

1．画出船闸闸首的 2—2 阶梯剖视图。

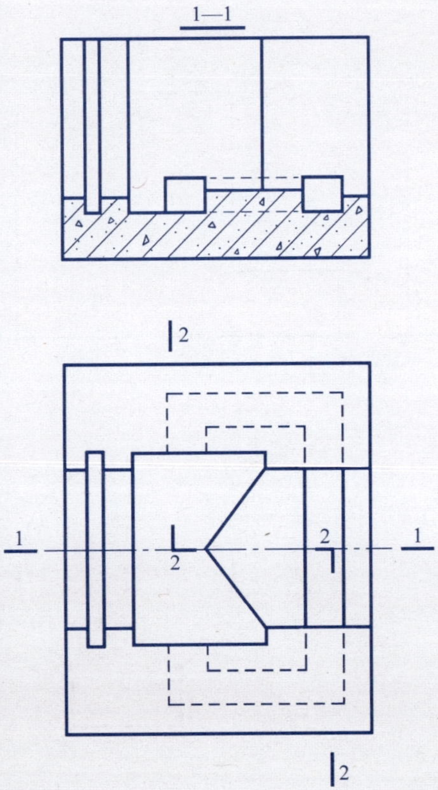

2．将主视图改为阶梯剖视图。(材料：金属)

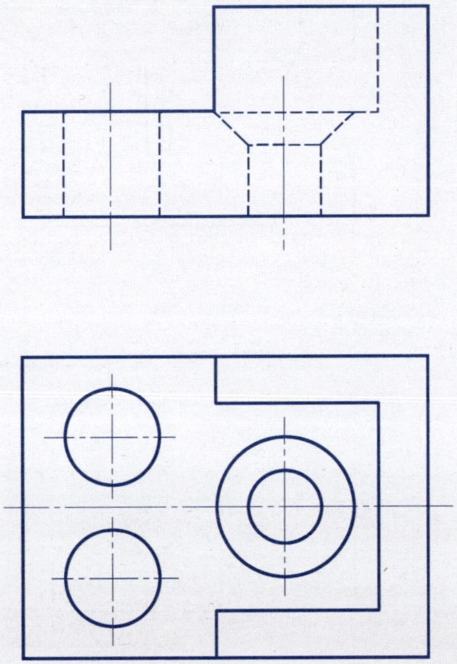

8-9 旋转剖视图	班级		姓名		学号		页次	75

1. 将主视图改成适当的剖视图，并标注。

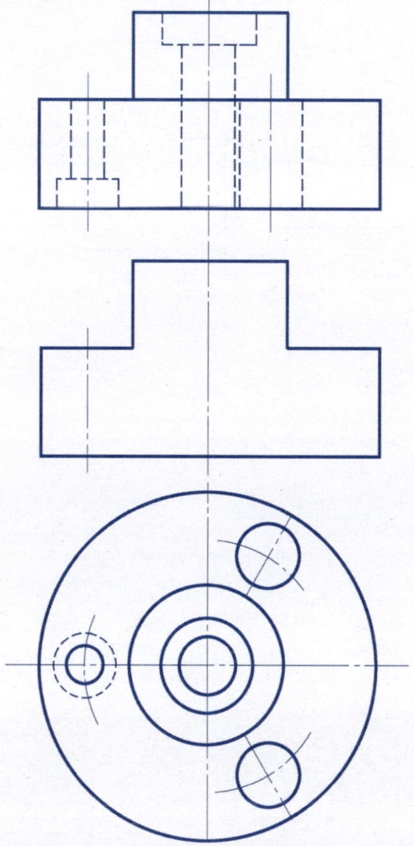

2. 将两管道接头井的主视图改成旋转剖视图，并完成标注。

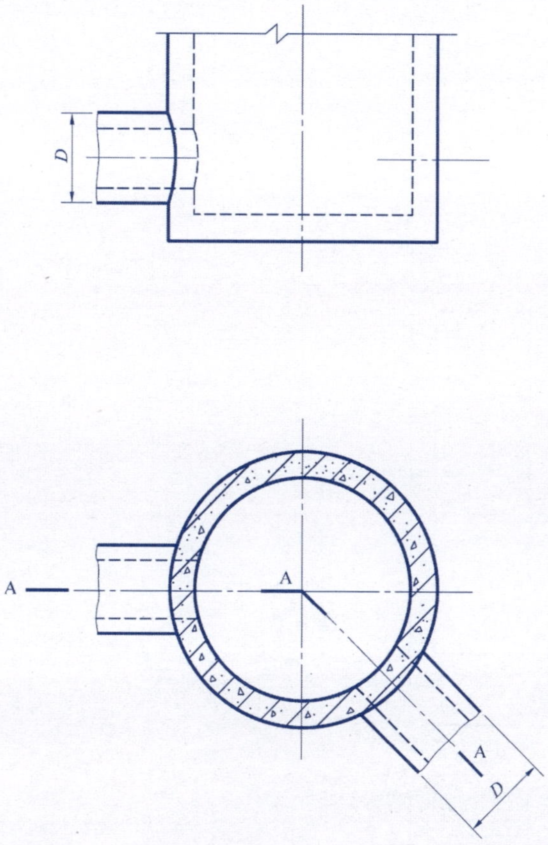

8-10　断面图(一)	班级		姓名		学号		页次	76

1．根据柱子的主视图和3—3剖视图，画出各指定部位的断面图。(材料：钢筋混凝土)

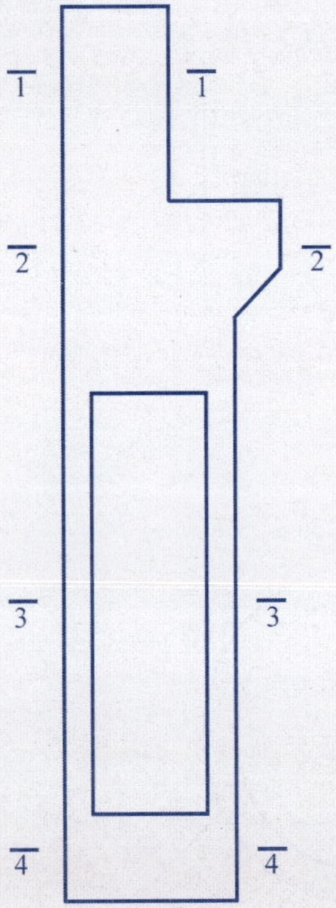

1—1

2—2

4—4

3—3

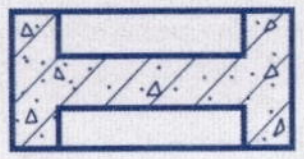

2．画出轴的指定断面图。

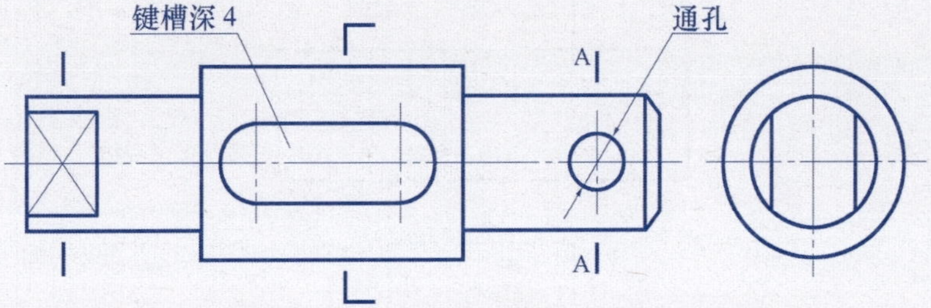

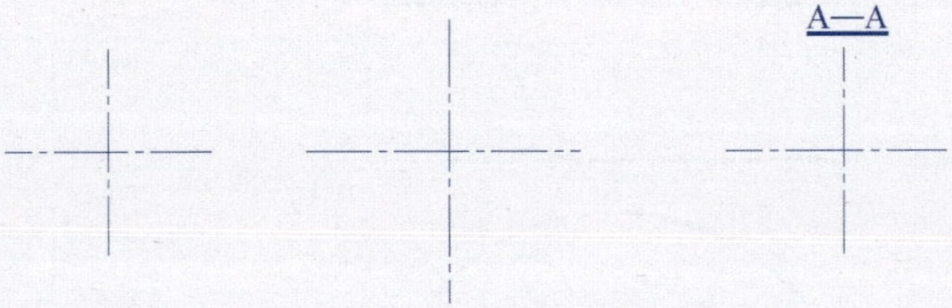

8-11 断面图(二)	班级		姓名		学号		页次	77

1．画出坝的A—A断面图。(材料：混凝土)

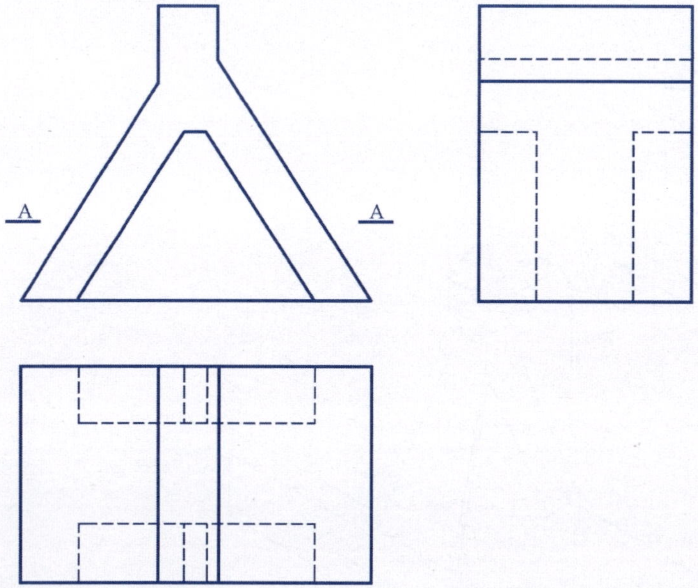

2．图示断面的正确画法是____。

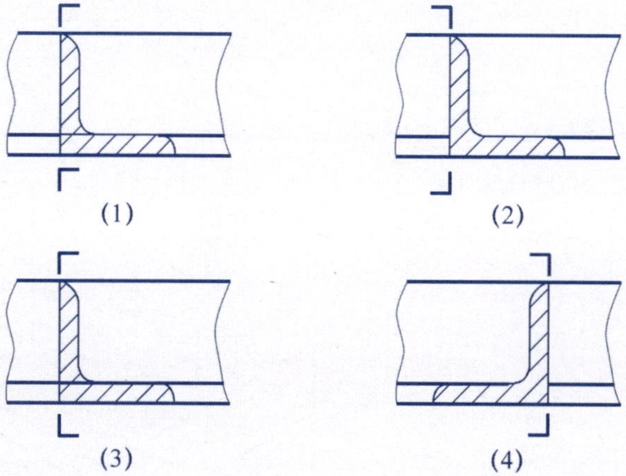

3．A—A断面的正确画法是_____。

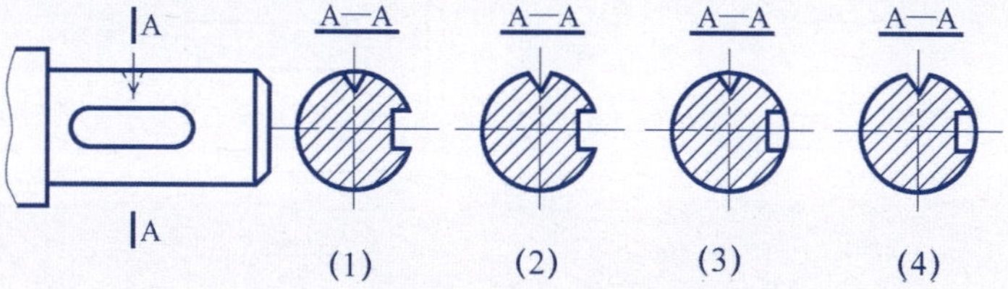

8-12　图样画法大作业	班级		姓名		学号		页次	78

图名：涵洞设计图

比例：1：100

图幅：A2

要求：表达方案合理，
投影正确，尺寸
标注齐全、清晰

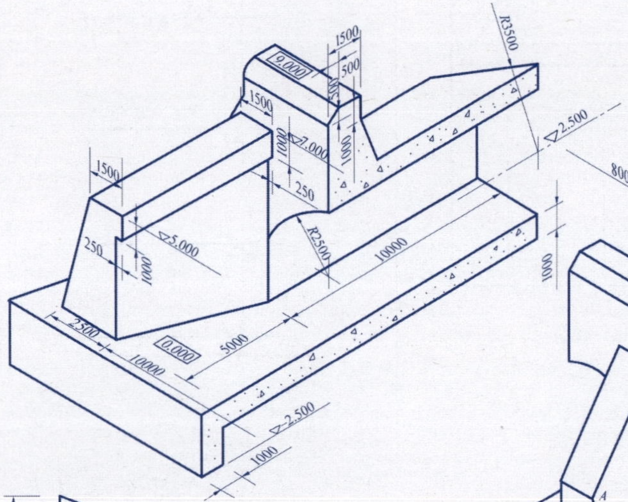

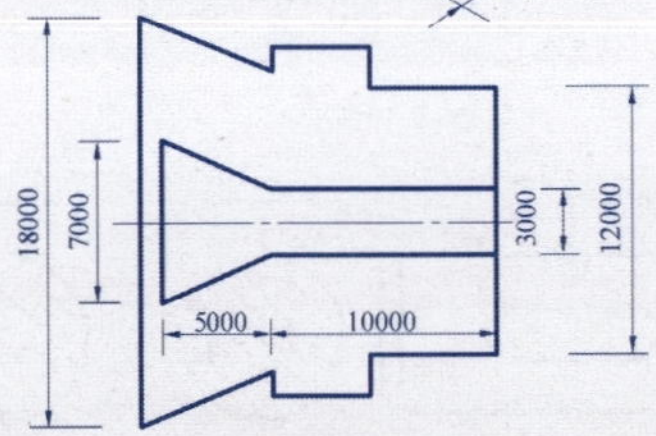

底板仰视

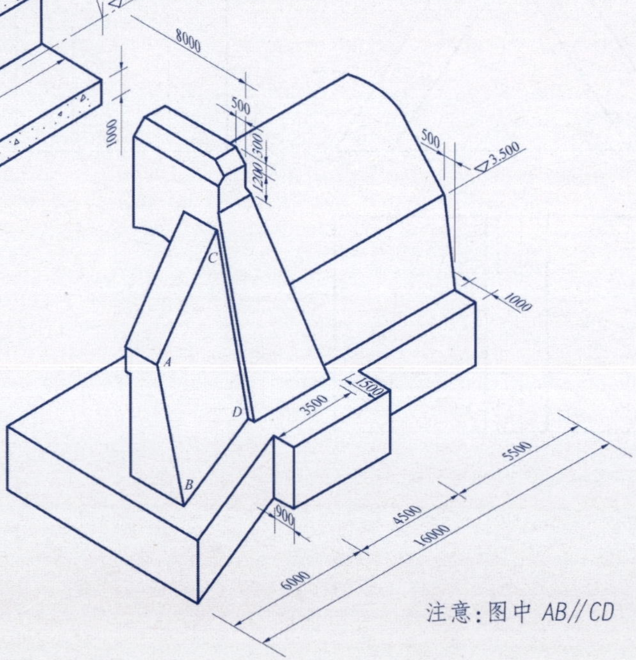

注意：图中 AB//CD

第九章　标高投影

9-1　标高投影知识填空	班级		姓名		学号		页次	79

1. 标高投影法是用____________和____________结合起来表示空间物体的方法。
2. 直线两点之间的____________与____________之比称为直线的坡度。
3. 当直线上两点的高度差为____________时，其对应的水平距离称为该直线的平距。
4. 平面内的坡度线与等高线____________，平面内坡度线的坡度代表该平面的____________。
5. 正圆锥面的素线就是其表面的____________________，所以正圆锥面上的示坡线应通过____________画出。
6. 在地形图中，等高线的间距越密，反映地面坡度____________，反之亦如此。
7. 在__________工程中一定会出现坡脚线，在__________工程中一定会出现开挖线。当地面为平面时，坡脚线或开挖线均为坡面上与地面上同高程的____________。
8. 建筑物的交线是指_________________以及___________________。
9. 求建筑物交线的基本原理是_________________________。
10. 当坡面等高线与地形面等高线接近平行时，应采用___________求交线。

9-2 直线的标高投影	班级		姓名		学号		页次	80

1. 已知直线 AB 的一端投影为 a_{18}，直线的坡度 $i=1:1.5$，箭头所示为直线的坡度方向，求作直线的另一端投影 b_6 及直线上高程为 12 的 C 点的投影，比例 1∶300。

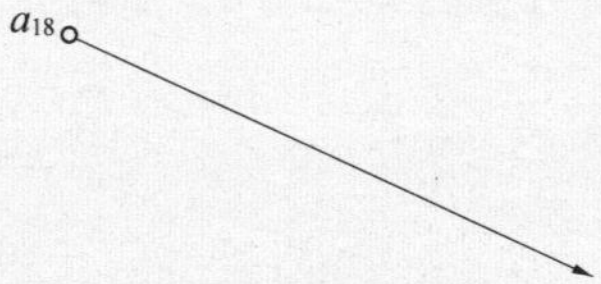

直线的平距 l=________

2. 已知直线 AB 的标高投影为 $a_{3.3}b_{9.3}$，求作直线上高程为整数的标高点 4、5、6、7、8、9 与直线的坡度。

直线的坡度 i=________

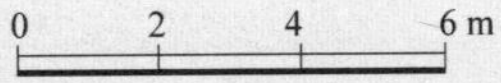

1.已知平面 *ABC* 三点的高程,试画出该平面上高程为 4 m、5 m、6 m、7 m 的等高线，并求该平面对 *H* 面的倾角。

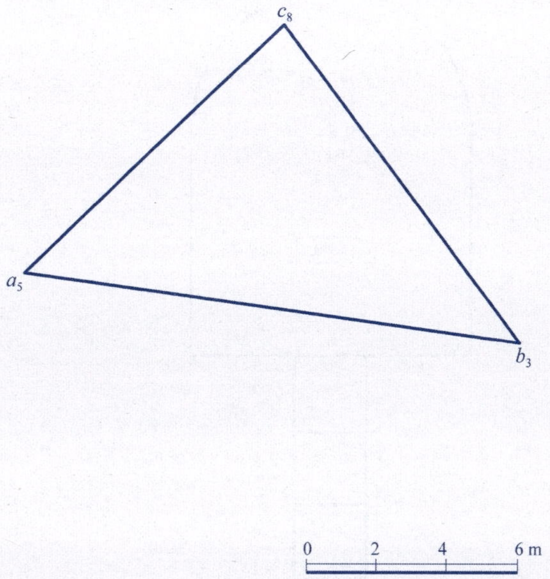

2. 求两平面的交线。

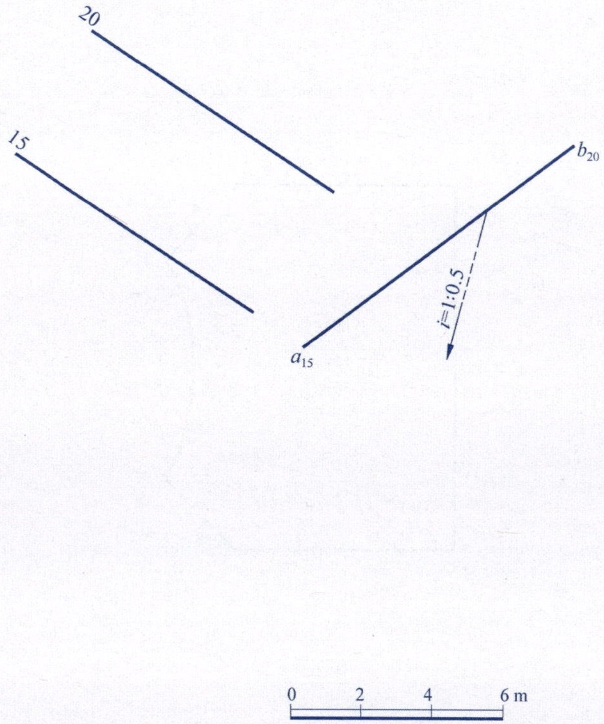

9-4　挖方工程的标高投影	班级		姓名		学号		页次	82

1. 在高程为12 m的地面上开挖一基坑，挖方边坡如图所示，求作开挖线与坡面交线，并画示坡线。(比例为1∶200)

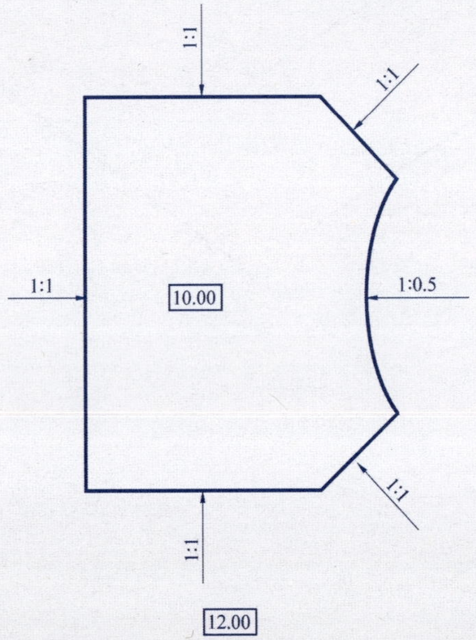

2. 在高程为10 m的地面上开挖一高程为6 m的基坑，挖方边坡为1∶1，从地面到基坑修一斜坡道，斜坡道上等高线及两侧边坡坡度如图所示，试完成其标高投影图。(比例为1∶200)

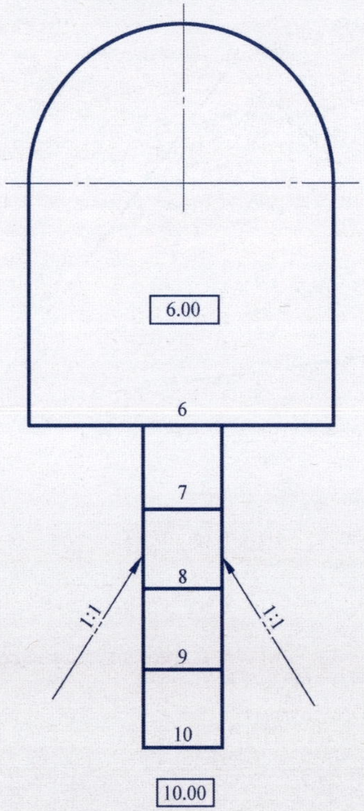

9-5 填方工程的标高投影	班级		姓名		学号		页次	83

1. 在高程为10 m的地面上筑大小两堤，堤顶高程及两侧边坡如图所示，完成其标高投影图。(比例为1：200)

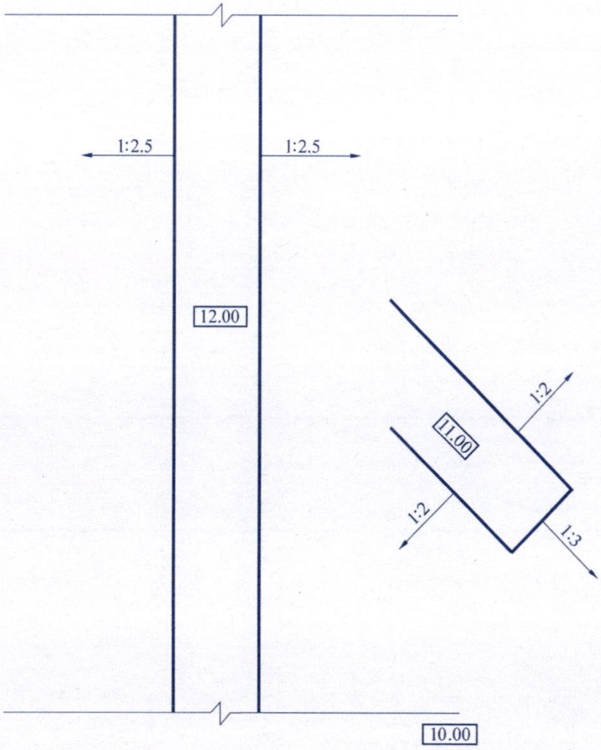

2. 在地面上修筑一条高程为28 m的道路与高程为28 m的平台连接，道路两侧和平台的边坡均为1：1，求作坡脚线和坡面交线。(比例为1：200)

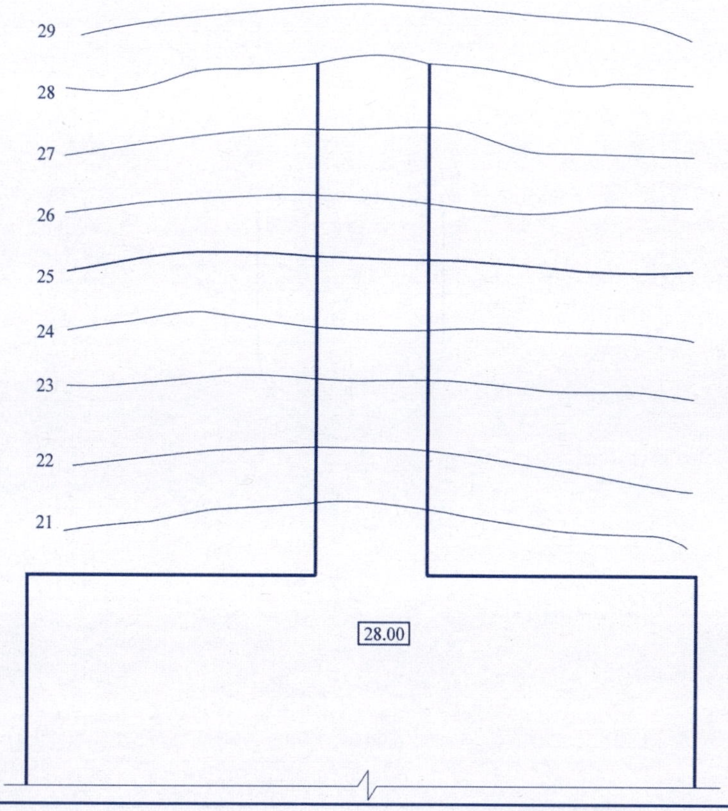

9-6 填挖方工程的标高投影	班级		姓名		学号		页次	84

1．在山坡上修筑一水平广场。已知广场的平面图及其高程为 30 m，填方边坡为 1∶1.5，挖方边坡为 1∶1，试完成其标高投影图。

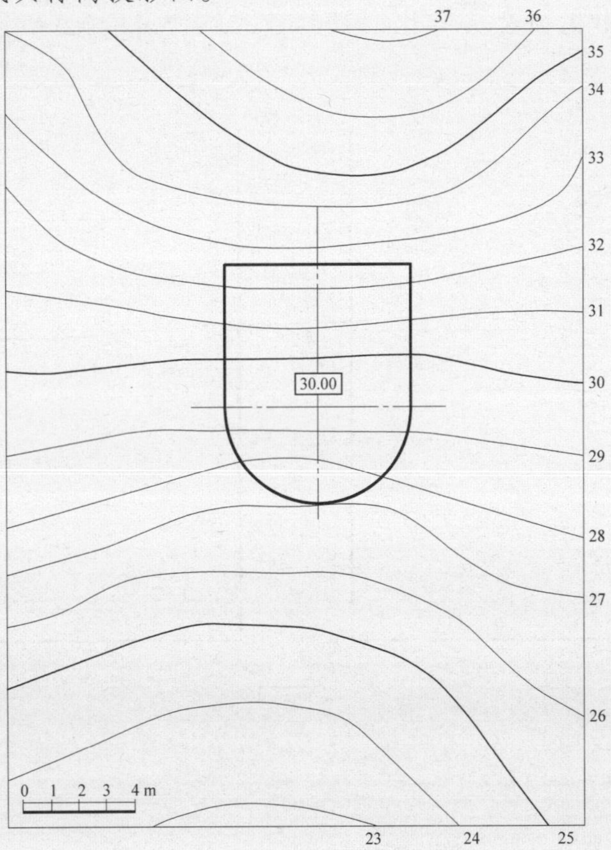

2．在地面上修一斜坡道，其填、挖方边坡均为 1∶1，路面宽度如下图所示，试作出地形断面图，并完成道路的标高投影图。（提示：标高投影图中的填挖分界线，需通过在地形断面图中作出道路两条轮廓线的分界点来确定）

地形断面图

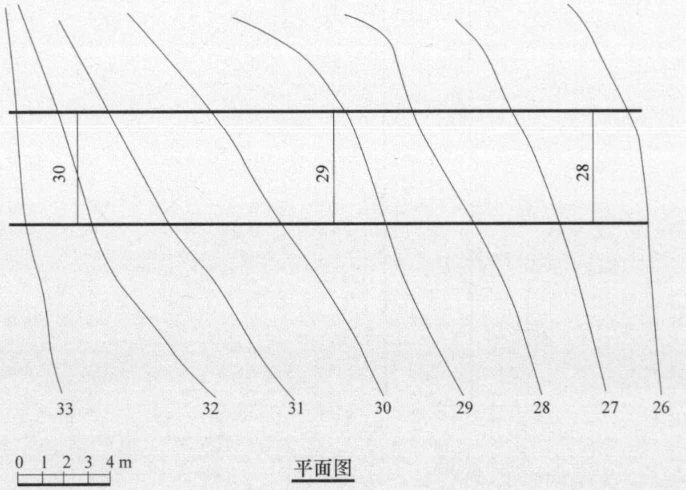

平面图

第十章　建筑物中常见曲面

10-1　水工建筑物中常见曲面知识填空	班级		姓名		学号		页次	85

1. 为了形象地表达水工建筑物中的常见曲面，在其无积聚性的投影图上均要画素线，其素线用________表示。

2. 柱面素线的特点是，愈靠近转向轮廓线愈________，愈靠近轴线愈________。

3. 锥面素线的投影均应通过________。

4. 渐变面是由________变________逐渐变化的表面，它可以看成是由4个________平面和4个________相切的组合面。

5. 方圆渐变面长度的1/2处剖面圆弧半径是________的1/2。

6. 扭曲面是用于将________变为________的过渡段。

7. 扭曲面可以看作是由________沿着两条交叉直导线，并始终________于一个导平面移动所形成的曲面。

8. 扭曲面上的素线有两组，分别是________素线和________素线。

9. 从扭曲面翼墙中间段平行两端进行剖切，其断面形状是________。

10. 导平面为投影面平行面时，锥状面和柱状面上的素线有________。

10-2 常见曲面——柱面、锥面	班级		姓名		学号		页次	86

1. 完成圆柱的侧面投影，并加画各图中的素线。

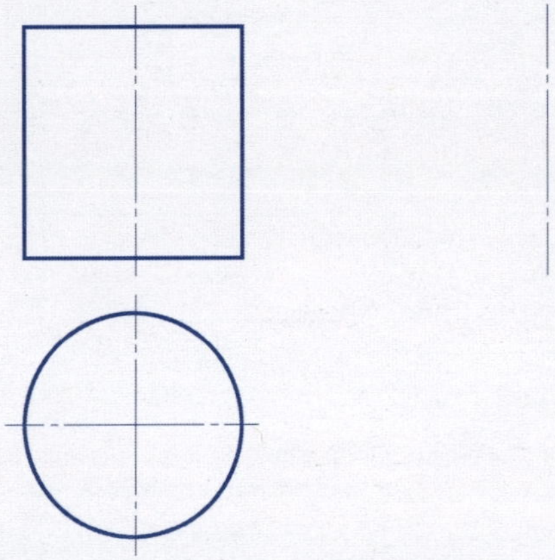

2. 完成斜椭圆柱的侧面投影，并加画各图中素线。

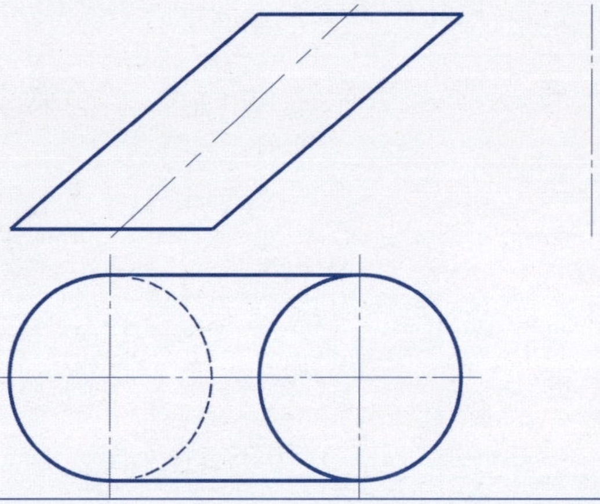

3. 完成圆锥的侧面投影，并加画各图中的素线。

4. 完成圆台的水平投影，并加画各图中的素线。

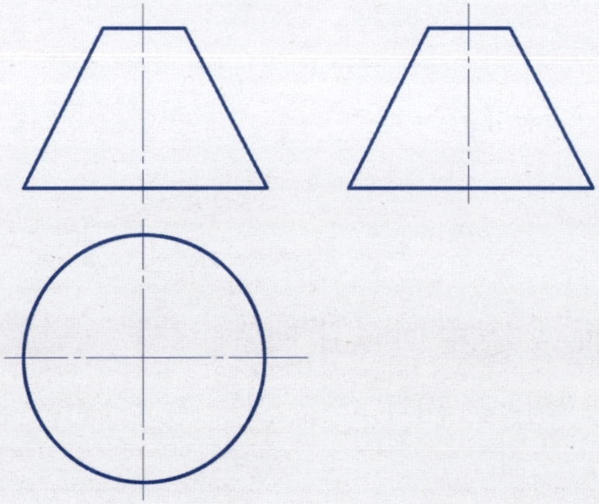

10-3 常见曲面——方圆渐变面	班级		姓名		学号		页次	87

根据方圆渐变面的三面投影，画出A—A断面图。

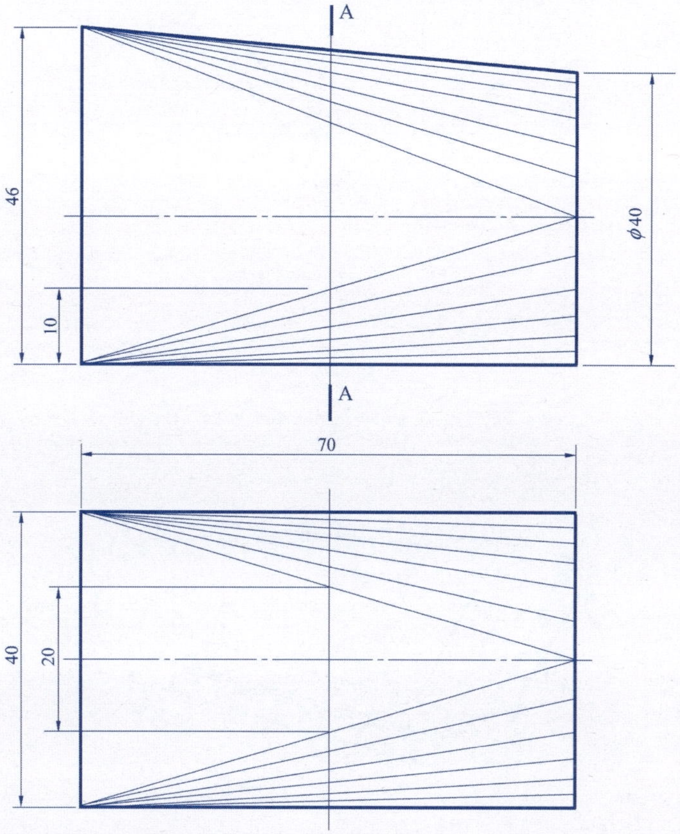

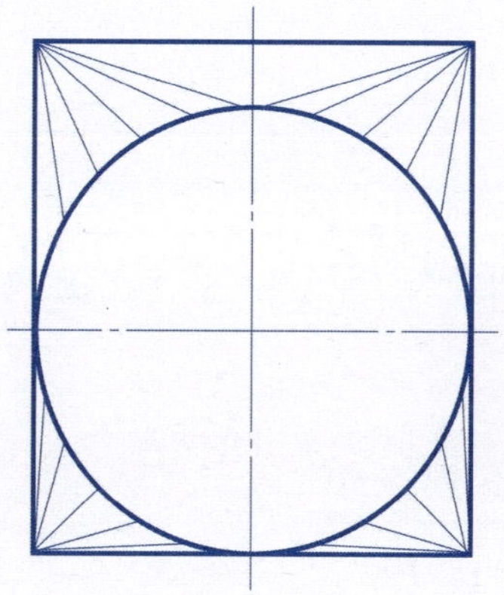

A—A

10-4 常见曲面——扭曲面	班级		姓名		学号		页次	88

根据扭曲面的立体图及其两面投影，完成水平投影图。

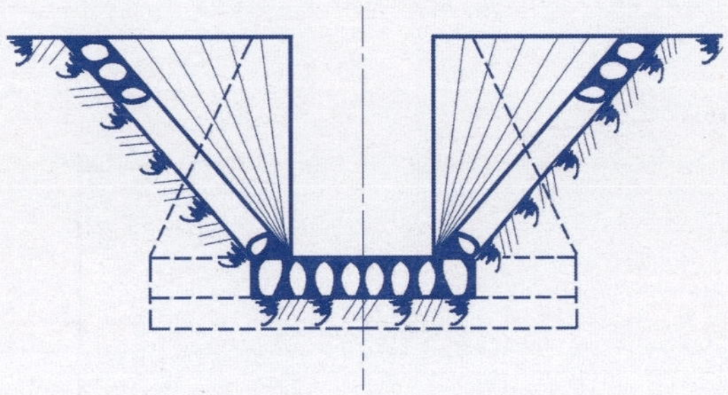

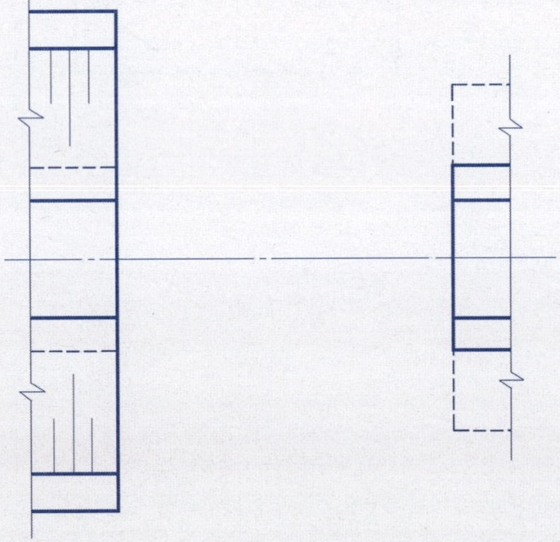

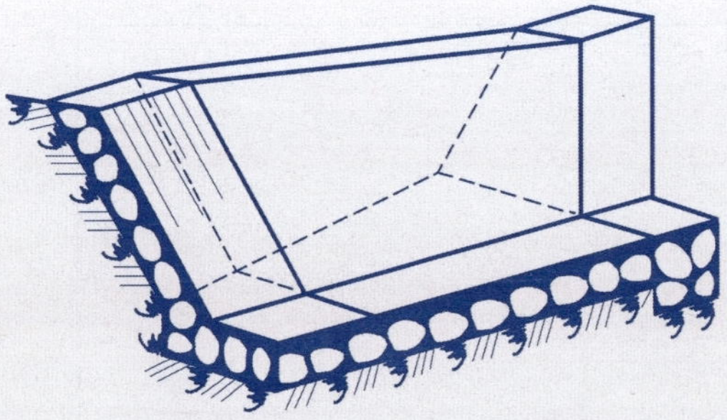

第十一章　水利工程图

11-1　水利工程图知识填空	班级		姓名		学号		页次	89

1．水工图的名称包括________、________、________、________和________。

2．水利工程中，由几个水工建筑物有机组合的综合体称为__________________。

3．水工图的表达方法可分为基本表达方法和__________________。

4．画平面图时，挡水建筑物的水流方向应选为_____________，过水建筑物应选为____________。

5．对水工建筑物左右岸的规定是：视向______水流方向，________为左岸，________为右岸。

6．水闸一半画上游半立面，一半画下游半立面所形成的视图为________________。

7．涵洞的平面图沿对称线只画一半是采用的________________画法。

8．水闸消力池的排水孔，只画出几个圆孔，其余的均以中心线表示，采用的是______________画法。

9．桩号为 1+180.00 的含义是____。

10．立面上的标高符号为________________，其高度为高程数字的____________倍。

11-2　水利工程图——消力池	班级		姓名		学号		页次	90

将消力池的正面投影改成1—1剖视图，补全侧视图，并作2—2断面图。

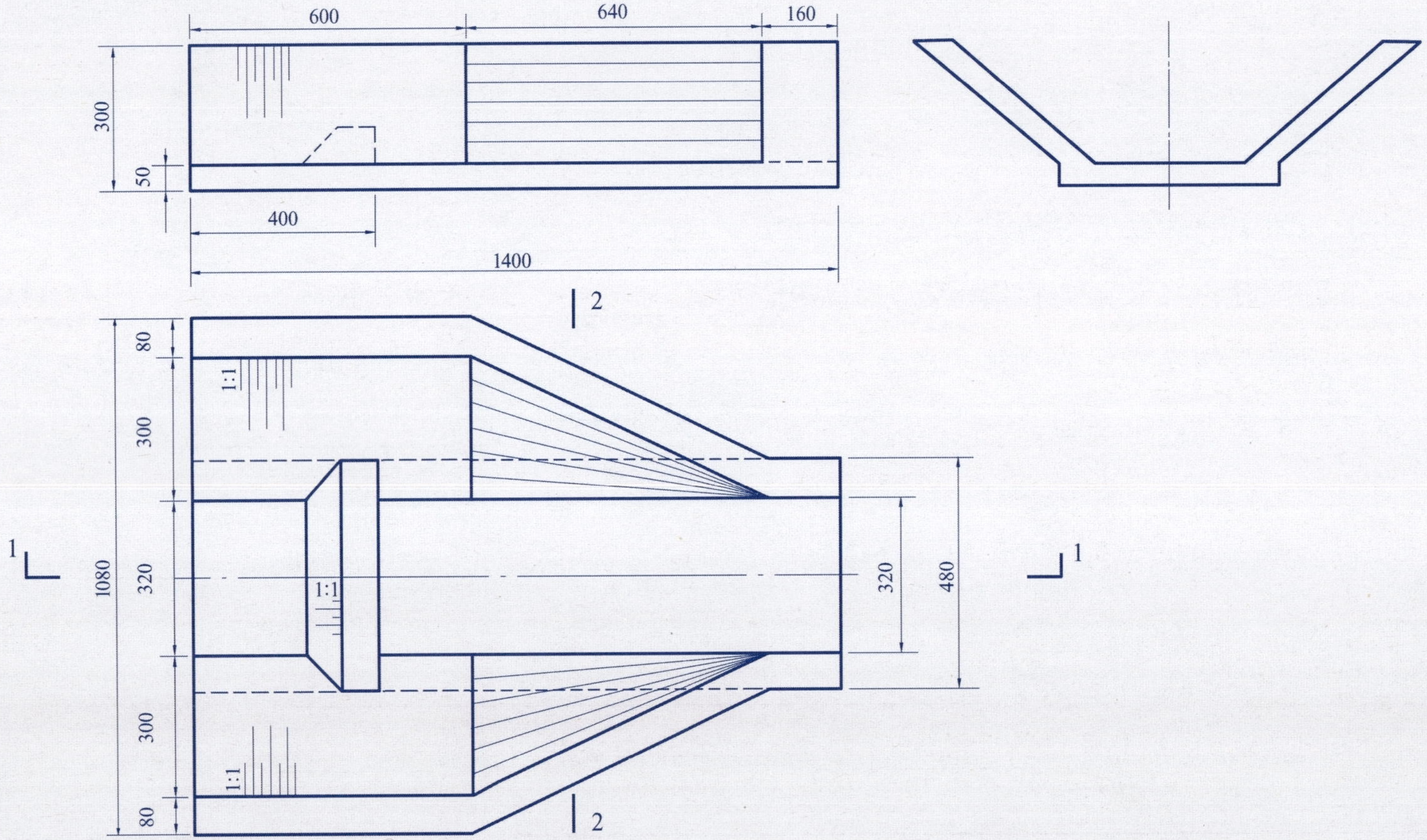

11-3 水利工程图——水闸设计图	班级		姓名		学号		页次	91

作业要求：根据下列已知条件，采用适当的表达方法，绘出完整的水闸设计图。

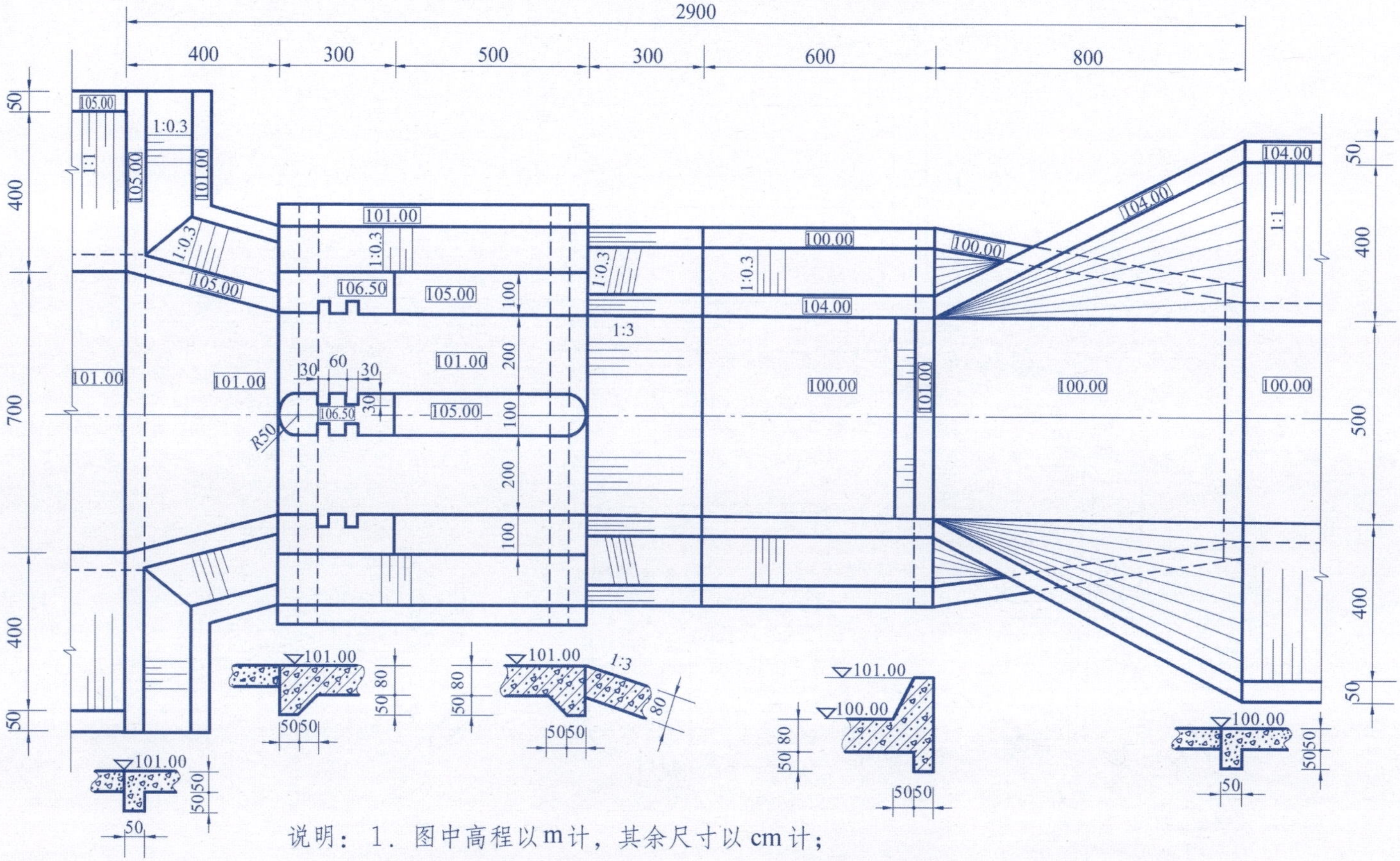

说明：1. 图中高程以m计，其余尺寸以cm计；

2. 工程材料：上下游护坡及进口八字形翼墙为混凝土，其余为钢筋混凝土。

11-4 水利工程图——涵洞式进水闸	班级		姓名		学号		页次	92

根据轴测图画出涵洞式进水闸结构设计图。(作图比例：1：50；图幅：A3)

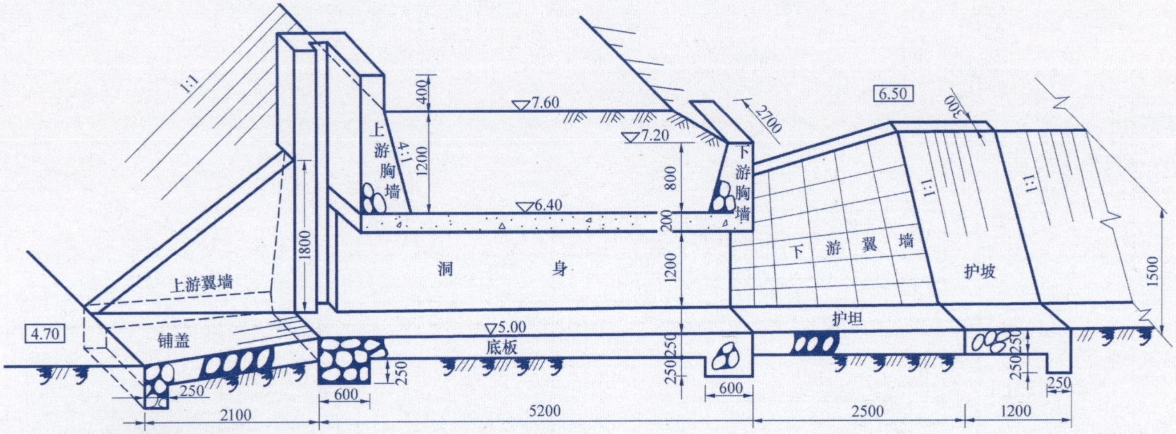

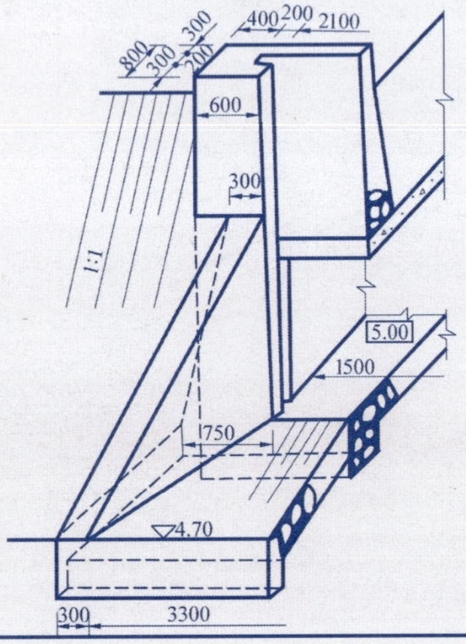

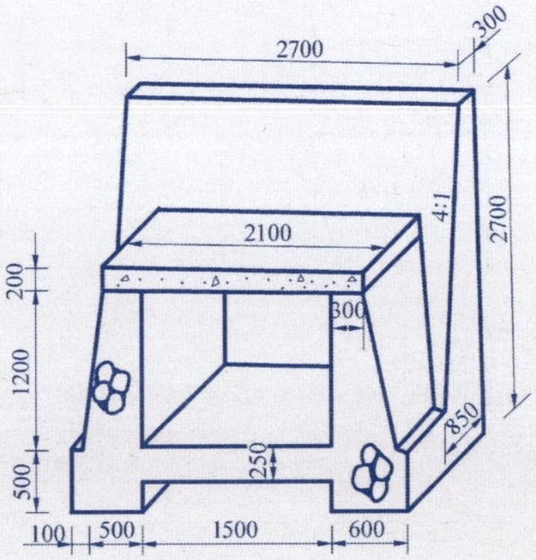

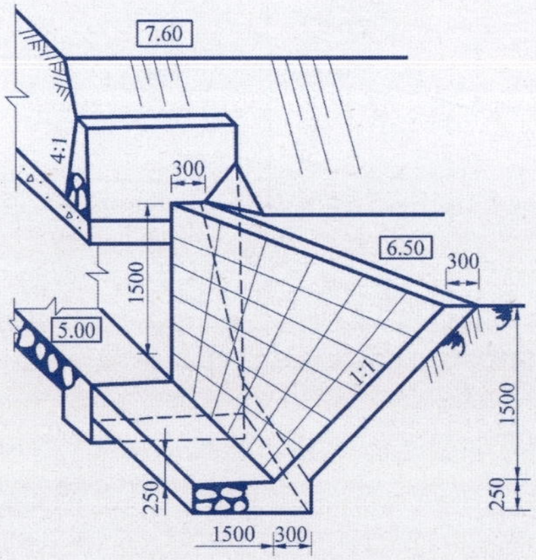

11-5 水利工程图——配筋图	班级		姓名		学号		页次	93

阅读钢筋混凝土结构梁的配筋图，画出 3—3 断面图(180° 弯钩加长 6.25d)。

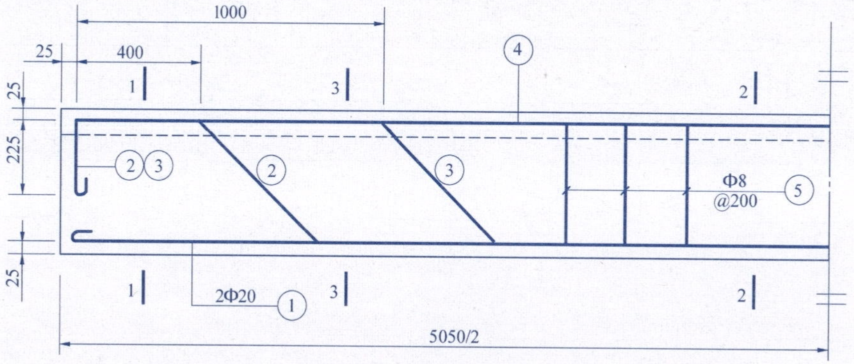

正立面图

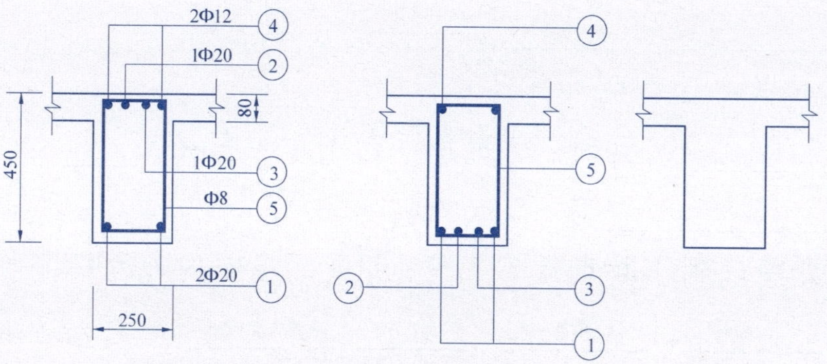

1—1　　2—2　　3—3

第十二章　房屋建筑图

12-1　房屋建筑图知识填空	班级		姓名		学号		页次	94

1．建筑图的图线从粗度上可分为__________、__________、__________三种。

2．定位轴线编号的圆用________线绘制，直径为______ mm，详图中可增至_______ mm。

3．索引符号圆用_______线绘制，直径为_______ mm；详图符号圆用_______线绘制，直径为________ mm。

4．指北针的圆用_______线绘制，直径宜为_______ mm。

5．平面图常用的比例是______________。

6．平面图中横向轴线的编号，应用______________从_______至_______顺序编写；竖向轴线的编号，应用______________从_______至_______顺序编写。

7．为了便于施工，在建筑平面图的外部通常标注_______道尺寸。

8．标高分为_______和_______两种，建筑总平面图中一般采用______________表示，建筑平、立、剖面图等采用______________表示。

9．标高以____为单位，精确到小数点后___位，房屋一层室内地面标高标注为______________。

10．建筑施工图包括_______、_______、_______、_______四种基本图样。

12-2 补绘房屋建筑施工图	班级		姓名		学号		页次	95

作业要求：在读懂房屋建筑施工图基础上，抄绘各图并补画 2—2 剖面图。(图幅：A3；比例：1∶100)

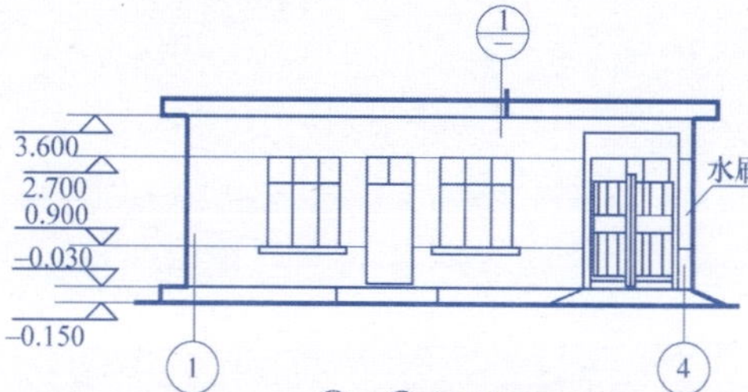

①—④立面图 1:200

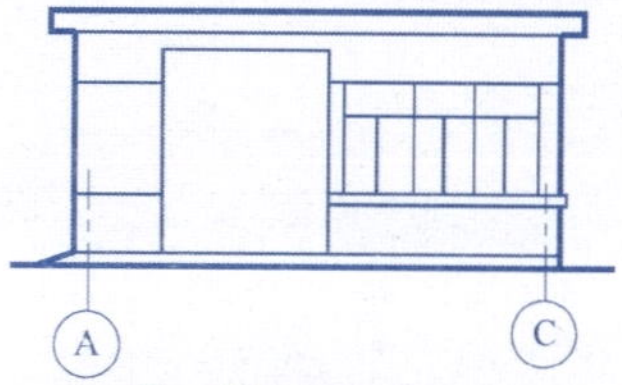

Ⓐ—Ⓒ立面图 1:200

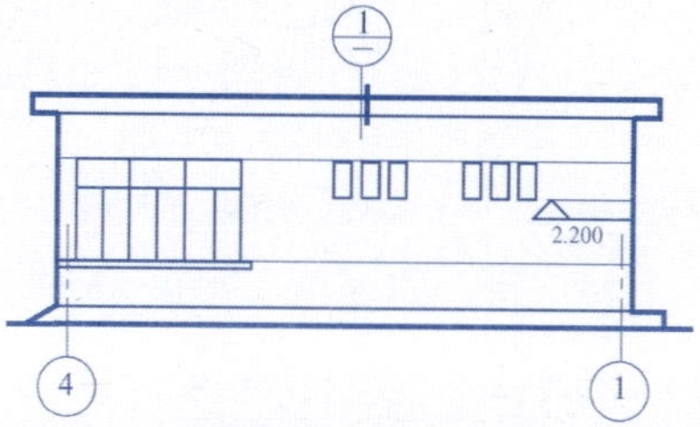

④—① 立面图 1:200

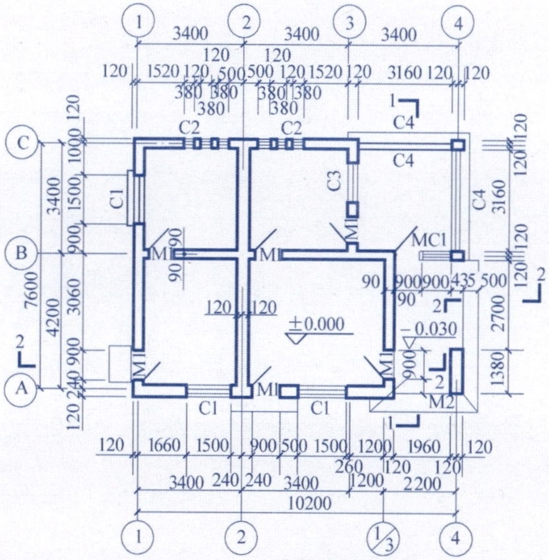

平面图 1:200

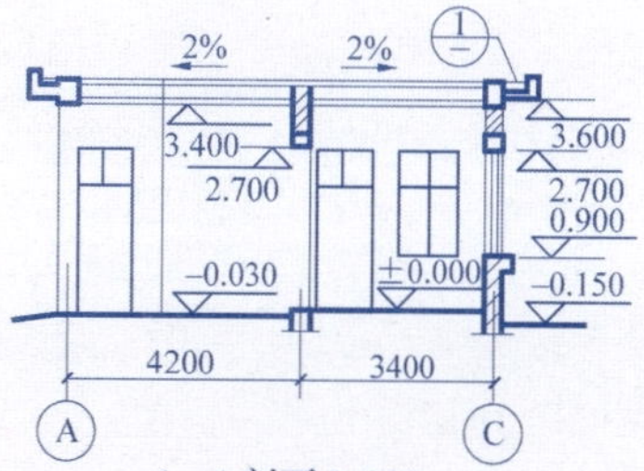

1—1 剖面 1:200

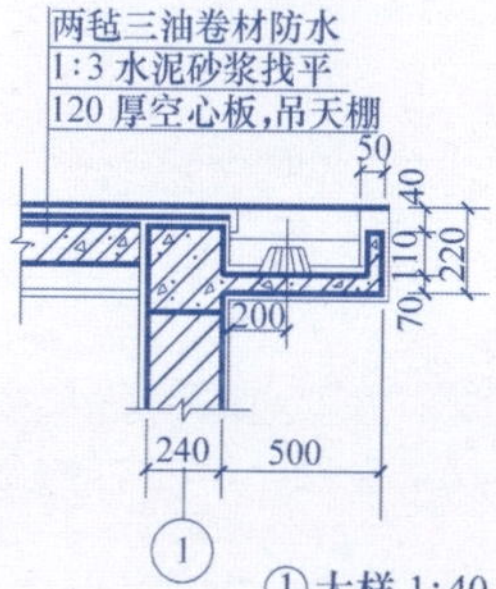

① 大样 1:40

门 窗 表

类别	代号	宽×高	数量	类别	代号	宽×高	数量
窗	C1	1500×1800	3	门	M1	900×2700	6
	C2	380×500	6	门连窗	MC1	900×2700	1
	C3	1200×1800	1			900×1800	
	C4	3160×1800	2	门	M2	1960×2200	1

12-3 识读房屋建筑施工图	班级		姓名		学号		页次	96

识读房屋建筑施工图(后续四页)，回答下列问题：

1. 建筑平面图(除屋顶平面图外)实际上是__________水平剖面图。它主要表示建筑物的________。在施工过程中，它是进行________和________的依据。

2. 从图中定位轴线的编号及其间距可了解到各承重构件的________及房间的________。

3. 从底层平面图中标注的尺寸可以看出，外部尺寸中 21840 和 15010 是这栋宿舍楼的________和________尺寸，横向定位轴线有____条，纵向定位轴线有____条，居室的开间尺寸为_____ mm，进深尺寸为______mm，走廊和室内地面标高为_____m。

4. 该建筑墙体厚度为_______，代号“M1”门的尺寸为________，“M2”门的尺寸为________。

5. 该建筑共有“C1”窗户________扇，其尺寸为________。

6. 建筑剖面图表达了建筑物内部垂直方向的________________等情况，该建筑剖面图是通过_______剖切得到的，其分别表达了___________和___________，其剖切位置与名称标注在________图上。

7. 建筑剖面图中，应标注剖切到部分的________尺寸和________尺寸。该图中外部尺寸标注了三道，最外侧的第一道尺寸为室外地面以上的________，第二道尺寸为________，第三道尺寸为__________________高度。

12-4 房屋建筑施工图(一)	班级		姓名		学号		页次	97

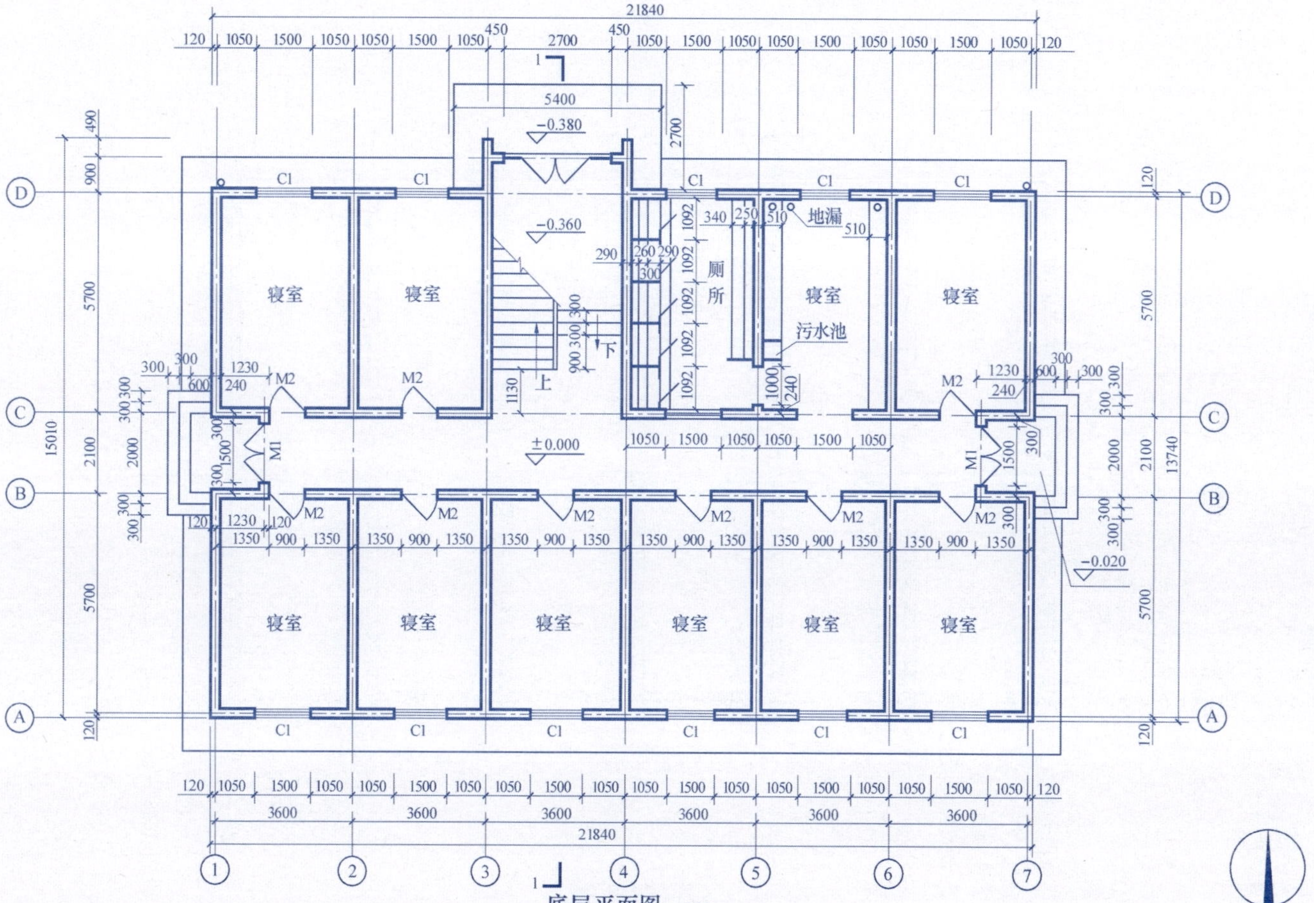

底层平面图 1:100

12-5 房屋建筑施工图(二)	班级		姓名		学号		页次	98

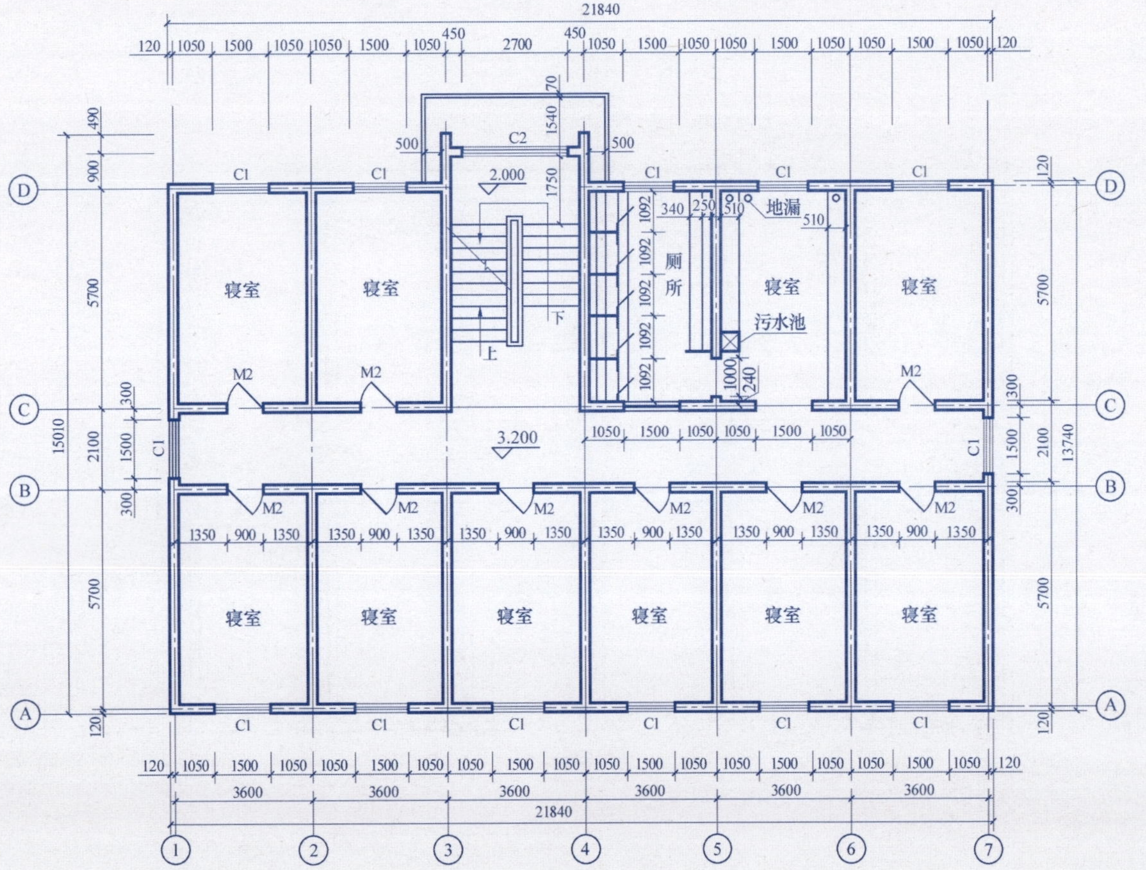

二层平面图 1:100

12-6 房屋建筑施工图(三)	班级		姓名		学号		页次	99

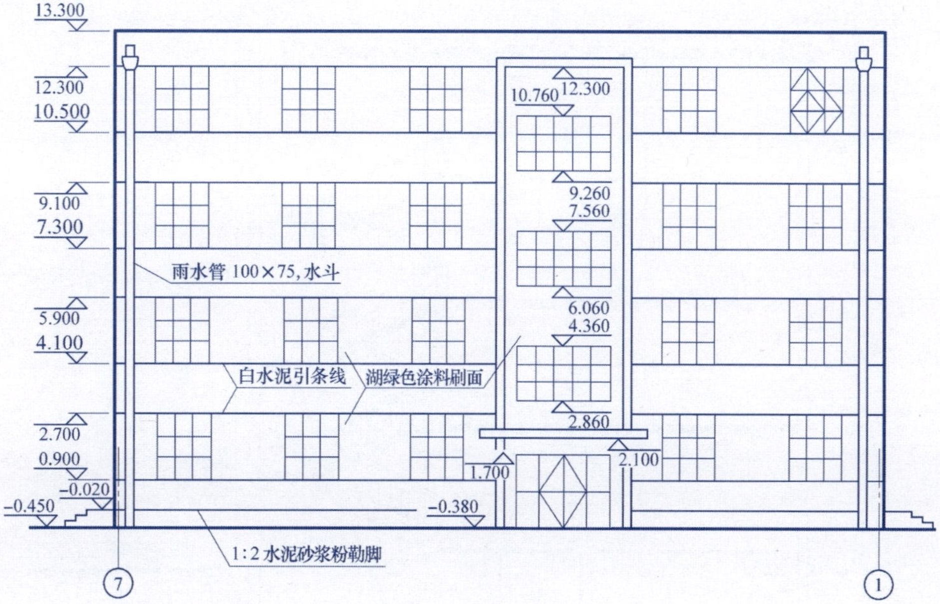

⑦—①立面图1:100

12-7 房屋建筑施工图(四)	班级		姓名		学号		页次	100

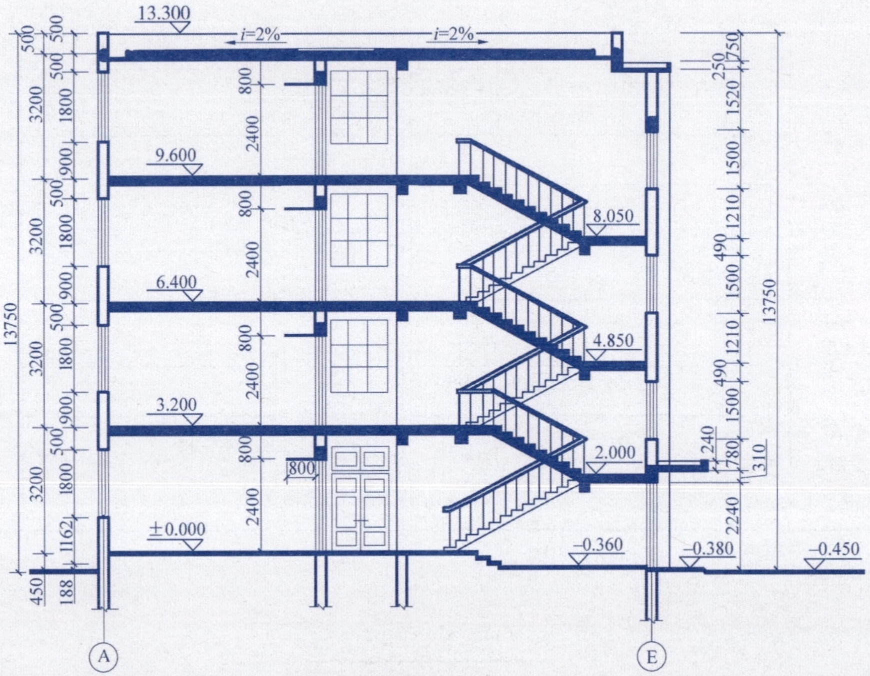

I—I 剖面图 1:100